荷载和碳化环境下
混凝土高温力学性能研究

赵燕茹　王　磊　著

科学出版社

北京

内 容 简 介

本书为关于混凝土高温力学性能的研究成果。全书共 10 章，主要内容包括绪论，高温后混凝土抗压性能、抗拉性能、抗弯性能、断裂性能以及与钢筋的黏结性能，碳化高温后混凝土抗压性能、抗弯性能以及微观物相、孔结构演变，高温持荷下混凝土抗压性能、抗弯性能，荷载与碳化共同作用下混凝土高温抗压性能，基于数字图像相关方法的混凝土高温力学性能损伤演化规律和机理分析。书中内容采用试验研究、理论分析、微观结构分析等研究方法，可为开展相关研究提供参考和借鉴。

本书可供土木工程、工程力学专业领域研究人员、高等院校师生和相关工程技术人员参考使用。

图书在版编目(CIP)数据

荷载和碳化环境下混凝土高温力学性能研究 / 赵燕茹，王磊著. -- 北京：科学出版社，2024. 11. -- ISBN 978-7-03-080519-5

Ⅰ. TU528

中国国家版本馆CIP数据核字第2024JK8321号

责任编辑：周 炜 裴 育 罗 娟 / 责任校对：郑金红
责任印制：肖 兴 / 封面设计：陈 敬

科 学 出 版 社 出版
北京东黄城根北街 16 号
邮政编码：100717
http://www.sciencep.com
北京华宇信诺印刷有限公司印刷
科学出版社发行 各地新华书店经销
*
2024年11月第 一 版 开本：720×1000 1/16
2024年11月第一次印刷 印张：13 1/2
字数：272 000
定价：120.00 元

（如有印装质量问题，我社负责调换）

前　言

　　火灾是各种灾害中最频繁且极具毁灭性的灾害之一，特别是近年来，由于建筑物高层化、大规模化及用途的复合化，诱发火灾发生的因素随之增加，火灾规模也日趋扩大，建筑防火设计作为建筑防灾的一个分支，越来越引起人们的重视。尽管混凝土材料属于热惰性材料，但根据大量的火灾实例和研究可知，材料性能随着温度的升高将产生损伤劣化，从而大幅削弱结构承载力，结构存在失效甚至倒塌的危险。因此，研究混凝土在高温环境下的力学性能及其损伤演化机理，已成为混凝土结构防火设计和抗火性能评估领域的研究热点。

　　在日常使用过程中，混凝土结构除了要经受火灾高温的偶然作用，还要承受上部结构传递的持续荷载及环境因素——碳化的长期影响。持续荷载作用不仅影响混凝土的高温力学性能及其损伤演化过程，还会使混凝土产生较大的热蠕变变形，从而进一步影响整个结构体系在高温环境中的受力分布和抗火性能。碳化是指混凝土中的水化产物氢氧化钙与大气中的二氧化碳发生反应，生成碳酸钙等物质，降低混凝土的碱度，破坏钢筋表面的钝化膜，使混凝土失去对钢筋的保护作用。碳化给混凝土中钢筋带来不利影响的同时，碳化收缩使混凝土表面产生裂缝，还会给混凝土的强度、弹性模量及体积稳定性等带来一些变化，继而影响钢筋混凝土的安全性。由于温室效应和臭氧层破坏等，大气中二氧化碳浓度持续增加，混凝土的碳化问题将越来越严重。

　　实际上，混凝土的高温损伤是在温度、荷载和碳化等多重物理场的交互作用下产生的。由于温度变化造成的动态不均匀温度场、温度与荷载的共同作用、使用环境的侵蚀以及混凝土材料性能的差异等，混凝土高温力学性能演化规律和损伤特性更加复杂，这也是引起混凝土高温力学性能下降和服役寿命缩短的根本原因。因此，研究暴露于荷载与环境因素（碳化）耦合作用下的混凝土高温力学性能和失效机理，对发展混凝土高温设计理论和抗火性能评估、减少建筑火灾造成的人员伤亡及财产损失都将具有重要意义。

　　本书出版得到国家自然科学基金地区科学基金项目（11362013、11762015）、内蒙古自治区自然科学基金项目（2019LH05020、2020MS05031）的资助，在此表示衷心的感谢。

　　本书共10章，内容主要为通过高温、碳化高温、持荷高温和持荷碳化试验，研究不同温度、碳化龄期、荷载水平下混凝土力学性能损伤演化规律，基于数字图像相关方法、混凝土微观物相和孔结构演变，揭示混凝土高温力学性能损伤演化机理。上述内容是在认真学习国内外专家、学者研究成果的基础上，由作者和研究团队完成的，按照参与项目研究时间的先后顺序，他们分别是何晓雁、时金娜、白建文、范晓奇、苏颂、郭子麟、郝松、宋博、王志慧、石国星、王晓勇、高健、张杰等。

由于作者水平有限，书中难免存在不足和疏漏之处，敬请读者批评指正。

作　者

2024 年 2 月 23 日

目　　录

第1章 绪 论

1.1 研究背景及意义

火的发现与使用，促进了人类社会文明的进步，同时，人类一旦失去对火的控制，就很容易发生火灾。一直以来，火灾都是严重威胁人类生命和财产安全的主要灾害之一。随着我国经济和社会发展，基础设施建设力度逐年加大，特别是近年来，由于建筑物高层化、大规模化及用途的复合化，火灾发生的因素随之增加，火灾规模也日趋增大，造成了严重的人员伤亡以及直接或间接的经济损失。根据我国国家消防救援局的统计数据[1]，2014～2023 年的火灾情况如图 1.1 所示，我国每年较大火灾发生次数均在 55 次以上，重大火灾发生次数尽管在近几年有所减少，但均值仍为 4 或 5 次。据统计，仅 2021 年，我国由火灾造成的人员伤亡在千人以上，造成直接经济损失约 67.5 亿元[2]。因此，建筑防火设计作为建筑防灾的一个分支，越来越引起人们的重视。

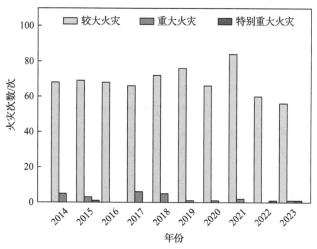

图 1.1　我国近 10 年较大火灾发生情况统计

混凝土是目前应用最为广泛的建筑材料。它具有可塑性好、抗压强度高、耐久性能良好等特点[3]。尽管混凝土材料属于热惰性材料，但若长期处于高温服役环境或短期温度骤升的火灾环境中，其内部结构会受到损伤，致使其强度降低，有时甚至会丧失其功能，最后导致建筑物坍塌，从而威胁人们生命财产安全。因此，研究混凝土在高温环境条件下的力学性能及其损伤演化机理，对混凝土结构的防火设计和抗火性能评估具有重要意义。

在日常使用过程中，混凝土结构除了要经受火灾高温的偶然作用，还要经受上部结构传递的持续荷载及环境因素(碳化、腐蚀、冻融等)的长期影响。持续荷载作用不仅会影响混凝土的高温力学性能及其损伤演化过程，还会使混凝土产生较大的热蠕变变形，从而进一步影响整个结构体系在高温环境中的受力分布和抗火性能[4]。环境因素中的碳化是指混凝土中的水化产物 $Ca(OH)_2$ 与大气中的 CO_2 发生反应，生成 $CaCO_3$ 等物质，降低混凝土碱度，从而破坏钢筋在碱性环境中形成的钝化膜，导致钢筋锈蚀，而钢筋锈蚀会使混凝土保护层开裂，破坏钢筋与混凝土之间的黏结力，造成钢筋混凝土结构承载力降低等严重后果[5,6]。碳化给混凝土中钢筋带来不利影响的同时，碳化收缩还会使混凝土表面产生裂缝，使混凝土的强度、弹性模量及体积稳定性等产生变化，继而影响混凝土结构的安全性[7,8]。据报道，随着世界人口的增长和工业化的发展，CO_2 气体逐年增加。在 19 世纪中叶，空气中 CO_2 的平均浓度为 280mg/kg，2005 年已经达到了 379mg/kg，预计 2100 年 CO_2 的平均浓度将会上升到 650mg/kg，如果不限制 CO_2 气体的排放，其浓度会继续增加到 970mg/kg[9]。因此，混凝土的碳化问题将越来越严重。

混凝土在火灾发生时直接接触火灾高温，内部热传递过程复杂，内外不均的温度应力、水汽扩散与积聚以及骨料和混凝土基体的温度变形不协调，致使混凝土的原有材料结构严重损伤劣化，甚至会出现剥落或突然开裂的爆裂等严重的破坏现象[10]。但混凝土材料与结构是在多种严酷条件下服役的，绝非仅受单一热力场作用产生损伤与劣化，而是受力学因素和环境因素双重或多重因素的耦合作用，是一个复杂的损伤叠加与交互作用过程，也是混凝土高温力学性能下降和服役寿命缩短的根本原因[11]。因此，研究暴露于荷载与环境因素(碳化)耦合作用下的混凝土高温力学性能和失效机理，对发展混凝土高温设计理论和抗火性能评估、减少建筑火灾造成的人员伤亡及财产损失都将具有重要意义。

1.2　混凝土高温力学性能研究现状

建筑物火灾通常的温度范围为 100～1000℃，在该温度下混凝土会发生复杂的物理化学变化，致使其力学性能较常温时有很大的差异[12-14]。混凝土的高温力学性能主要包括抗压性能、抗拉性能、抗弯性能和断裂性能等。通过测试这些性能指标可分析混凝土在高温下的强度损失和劣化程度。

1.2.1　混凝土高温抗压性能研究现状

大量学者对高温后混凝土的抗压行为进行了研究。研究结果表明：混凝土的抗压强度随着温度的升高而降低，当温度升高到 300℃时，混凝土抗压强度损失约为其初始抗压强度的 25%，当温度高于 800℃时，损失约为 75%以上[12]。混凝土的弹性模量随温度的升高逐渐降低，且弹性模量劣化速度要比抗压强度的劣化速度更快[15]。当温度为 400℃时，弹性模量下降幅度约为 50%。当温度升高到 600℃和 800℃时，弹性模量下降幅度为 80%以上[15]。此外，混凝土的压缩应力-应变曲线也随着温度的升高逐渐趋于平缓，峰值点逐渐向下和向右移动。随着温度的升高，峰值应力点对应的应变逐渐增大，表明混凝土在高温下的延性特征逐渐显著，脆性特征逐渐减弱[12]。

混凝土高温抗压性能降低，主要是由于混凝土各组分在受热后发生了一系列物理和化学变化。随着温度的升高，在 300℃左右，混凝土内部的自由水和结合水蒸发，导致混凝土基体疏松，以及基体和骨料界面过渡区(interfacial transition zone, ITZ)的劣化，这都会导致混凝土初始强度的损失[16]。在 400℃以上，强度下降的原因包括 $Ca(OH)_2$ 分解[17]，以及在 600℃左右下水化硅酸钙(C-S-H)凝胶分解造成的强度损失[18]。在 600~800℃温度范围内，水泥基体和骨料逐渐开始分解，混凝土内部孔隙结构逐渐粗化，导致强度进一步降低[19]。此外，在整个高温加热过程中，由于混凝土各组分的热工性能不同，各组分之间会产生显著的不均匀热膨胀，从而使基体产生微裂缝和内应力，进一步导致混凝土抗压性能降低[20]。

但是，一些学者发现，在 100~300℃的高温范围内，混凝土抗压强度出现小幅增长的现象，随后强度急剧下降。有研究表明，在 100℃、200℃、250℃和 300℃的温度范围内，混凝土抗压强度均出现了增长[21,22]。在此温度范围内，混凝土内部水蒸气蒸发而形成的热蒸压养护条件促使水泥进一步水化，可能是混凝土抗压性能提高的原因[23]。

此外，混凝土高温抗压性能的变化还会受混凝土强度等级、骨料类型、纤维掺入、养护条件等内部因素[13]，以及升温速率、恒温时间、冷却方式等外部因素的影响[24,25]。各试验参数的不同，也是混凝土高温抗压性能研究结果有所差异的原因之一。

1.2.2 混凝土高温抗拉性能研究现状

混凝土的抗拉强度远小于其抗压强度，因此在混凝土结构发生破坏时，其类型大多为受拉破坏[26]。蒋春霞[27]发现，混凝土受高温影响，其抗拉强度随温度变化整体呈线性下降趋势。李建沛等[28]发现混凝土在不超过 200℃的高温环境中，其抗拉强度出现小幅下降，因为此时混凝土内部因水分蒸发而出现微裂缝与孔洞，降低了混凝土有效抗拉面积。燕兰等[29]针对混凝土试件进行了高温后轴向拉伸试验，发现在 400℃后试件的抗拉强度迅速下降。郭函[30]发现混凝土在 500℃高温后，其抗拉强度衰减一半以上。孔宜鸣[31]发现混凝土抗拉强度的衰减在 400~

600℃区间最快，因为混凝土在 400℃以上的高温环境中，其基体中的水化产物快速发生分解，最终导致抗拉强度迅速衰减。尹强[32]发现混凝土在 700℃高温后，其抗拉强度几乎完全丧失。孙帅等[33]认为混凝土受高温环境的影响，其内部发生物理与化学反应，导致其产生大量微裂缝，并且随着温度的升高，裂缝数量增加，这导致了混凝土的受拉截面面积减小，从而使混凝土的抗拉强度出现衰减现象。Grondin 等[34]认为在高温作用下，混凝土内部骨料与基体会发生不同程度的膨胀，从而形成一种热损伤核[35]，导致其抗拉性能出现衰减现象。

在火灾或高温环境下，混凝土抗拉性能的降低会导致混凝土开裂和局部剥落[36]，进而造成内部钢筋过多受热，加速构件的破坏。从现有文献来看[37]，混凝土的抗拉强度随温度升高而降低的机理与抗压强度降低类似。随着温度的升高，混凝土内部水分蒸发和 $Ca(OH)_2$ 分解，混凝土密实度降低，再到 C-S-H 凝胶和骨料分解，导致抗拉强度降低。通常，混凝土的高温抗拉强度相对于抗压强度的劣化程度更大，这是因为抗拉强度比抗压强度对热裂缝更敏感[37]。

研究发现，在混凝土中加入纤维及辅助胶凝材料，可以显著降低混凝土高温后的剩余抗拉强度损失，改善混凝土的高温抗拉性能。Behnood 等[37]研究了聚丙烯(polypropylene, PP)纤维混凝土的高温劈裂抗拉强度。结果表明：当温度高于200℃时，掺 PP 纤维混凝土的劈裂抗拉强度高于不掺 PP 纤维混凝土。需要注意的是，在 100℃时，掺入 PP 纤维对混凝土劈裂抗拉强度的高温衰减基本没有抑制作用，这是由于 PP 纤维的熔点大约为 170℃，只有当温度超过其熔点温度时，PP熔化产生的孔隙才能有效缓解热膨胀和热应力对混凝土的损伤。Chen 等[15]研究发现：加入钢纤维能有效提高混凝土高温延性和约束热开裂裂缝的萌生与扩展，从而减小混凝土在高温损伤作用下的抗拉强度衰减。Tanyildizi 等[38]研究了掺入粉煤灰的轻质混凝土的高温劈裂抗拉性能，结果表明：粉煤灰的火山灰效应增强了混凝土基体和界面性能，从而在一定程度上抑制混凝土高温劈裂抗拉强度的下降，且粉煤灰掺量为 30%时对轻质混凝土高温性能的保持作用最佳。

1.2.3　混凝土高温抗弯性能研究现状

混凝土抗折强度是指混凝土受弯曲荷载作用时所能承受的最大弯曲应力，也称弯曲抗拉强度。表征混凝土抗弯性能的参数指标包括抗折强度、跨中挠度和弯曲韧度[39]。与高温相比，常温下混凝土的抗折强度较高，弯曲变形较小，并且弯曲过程呈脆性特征，即底部一旦达到混凝土开裂极限，就立即发生破坏。在火灾和高温环境下，混凝土受到高温的影响，其基体性能逐渐退化，因此其抗折强度随温度升高逐渐减小，跨中挠度逐渐增大，荷载-挠度曲线的峰值点逐渐下移和右移。混凝土弯曲损伤破坏过程由脆性特征逐渐向延性特征过渡[40]。研究表明：随着温度的升高，混凝土抗折强度近似呈直线下降，当温度达到 800℃时，混凝土的抗折强度下降幅度达到 80% 以上[41,42]。

为提高混凝土的抗弯性能,通常采用掺入纤维(如钢纤维和 PP 纤维等)的方法约束混凝土的弯曲变形和抑制混凝土开裂,从而提高混凝土弯曲破坏时的承载力。在火灾或高温环境下,掺入纤维也可以在一定程度上抑制高温引起的开裂损伤,从而提高混凝土的抗弯性能[43-45]。Yan 等[43]、Giaccio 等[44]以及 Xiao 等[45]分别研究了掺入钢纤维和 PP 纤维以及两者混杂纤维的混凝土的高温力学性能。结果表明:在高温环境下钢纤维增强混凝土的抗折强度降低程度要低于普通混凝土,峰值后等效抗折强度也明显高于普通混凝土,体现了纤维增强和增韧的作用。在高温环境下,PP 纤维熔化会在基体内部形成交错的孔隙,使混凝土内部的蒸气压力降低,能在一定程度上缓解混凝土高温损伤。

1.2.4　混凝土高温断裂性能研究现状

表征混凝土断裂性能的指标一般包括断裂韧度、断裂能、裂缝口张开位移(crack month opening displacement, CMOD)、有效裂缝扩展长度、断裂过程区、开裂应力软化曲线等,这些指标对混凝土结构设计和开裂行为评估至关重要。而在高温环境下,断裂性能对于混凝土耐火性能及受各种高温环境影响的混凝土结构的设计及评估具有重要意义,如核反应堆结构等。常温下,混凝土断裂性能已被广泛研究。目前,关于混凝土高温断裂性能的研究相对较少。由上述几节分析可知,高温作用引起的损伤会显著降低混凝土的抗压性能、抗拉性能和抗弯性能;同理,高温损伤也会对混凝土的断裂性能产生显著影响。

Yu 等[46-48]对高温后普通混凝土和高强混凝土的断裂性能进行了研究,得到在 25~800℃下混凝土的荷载-裂缝口张开位移(P-CMOD)曲线,并基于双 K 断裂模型确定了混凝土的起裂断裂韧度和失稳断裂韧度。结果表明:随着温度的升高,P-CMOD 曲线的峰值荷载逐渐减小,CMOD 逐渐增大,整个曲线的趋势逐渐平缓。初始韧性和失稳韧性均随温度的升高而单调降低。与常温时相比,800℃时起裂断裂韧度和失稳断裂韧度的下降幅度均在 80% 以上。这是因为高温会导致混凝土中更多的热损伤和微裂缝的产生,所以试件更容易断裂。最后,提出了采用起裂断裂韧度与失稳断裂韧度之比为表征混凝土试件脆性的指标。结果表明,随着温度的升高,混凝土的脆性指数不断降低,即混凝土在高温作用下的延性逐渐增强,初始开裂更早出现。此外,Dabbaghi 等[49]研究了轻质混凝土在高温下的断裂性能,结果表明:当温度升高至 750℃时,轻质混凝土的断裂韧性降低了 64%,断裂能降低了 77%,特征长度降低了 28%,高温下轻质混凝土比普通混凝土的延性特征更明显。

混凝土断裂能是指其发生断裂时单位面积所消耗的能量,断裂能反映了混凝土的断裂耗能能力和延性性能。研究表明[50,51]:当温度低于 400℃时,随着温度的升高，混凝土断裂能小幅升高；当温度高于 400℃时，混凝土断裂能随温度的升高逐渐下降。这是因为当温度在 400℃以下时，高温损伤会增加混凝土的延性，但强度不会降低很多，所以混凝土仍具有较高的变形耗能能力。当温度高于 400℃时，尽管混凝土的延性增加，但是其强度损失也较为严重，因此承载耗能能力会相对减弱[50]。

此外，在混凝土中加入纤维可以在一定程度上提高混凝土的断裂性能[52,53]。钢纤维和混杂纤维(钢纤维和 PP 纤维)可以显著提高混凝土的断裂性能，改善的程度随着温度的升高而逐渐下降。与钢纤维和混杂纤维相比，PP 纤维和聚乙烯醇缩乙醛(polyvinylacetal, PVA)纤维对混凝土高温断裂性能的改善作用不明显[54,55]。

1.2.5 混凝土与钢筋高温黏结性能研究现状

钢筋混凝土结构中钢筋和混凝土能够共同工作的前提是要具有良好的黏结性能。火灾作用下钢筋混凝土结构的变形程度、内应力分布情况和承载力大小与常温时有较大区别[56]，而钢筋与混凝土的黏结性能作为混凝土结构设计的重要参考，对于建筑物火灾安全性能评估和加固修复具有重要意义。

首先，混凝土类型和强度等级对混凝土与钢筋的高温黏结性能具有重要的影响。吕兆龙[57]研究了不同混凝土强度等级对混凝土与钢筋高温黏结性能的影响，发现混凝土强度越高，高温后钢筋与混凝土之间的黏结强度损失越大。王邦[58]研究了水泥用量对混凝土与钢筋高温黏结性能的影响，结果表明：水泥用量增加对极限黏结强度影响较小，但显著提高了自由端滑移值，也改善了黏结面的延性，但随着温度的升高，改善作用越来越小。Yang 等[59]研究了再生混凝土粗骨料取代率对黏结强度高温退化的影响规律，结果表明：再生骨料替代率对于黏结性能有较大的影响。Mousavi 等[60]研究了温度对地聚物混凝土与钢筋间黏结性能的影响，结果表明：当温度低于 300℃时，黏结强度变化不明显，300℃之后黏结强度随着温度升高其下速度明显加快；但与普通混凝土相比，地聚物混凝土的高温黏结性能表现更优越。

其次，保护层厚度对混凝土与钢筋的高温黏结性能也具有显著影响。研究表明：保护层厚度越小，随着温度升高，混凝土与钢筋之间的黏结应力降低越来越明显[61-63]。周新刚等[61]研究了相对保护层厚度对高温后黏结应力的影响，给出了变形钢筋与混凝土黏结强度的计算公式，可作为预估不同保护层厚度和温度下黏结强度的参考。唐瑞瑞等[62]制备了不同保护层厚度的中心拉拔试件，研究不同温度作用后混凝土与钢筋的黏结性能，研究表明：随着相对保护层厚度的减小，混凝土与钢筋之间的黏结应力降低，且随着温度越来越高，降低越来越明显。Arel 等[63]通过高温后不同保护层厚度的钢筋拉拔试验，研究了保护层厚度对黏结性能的影响，结果表明：保护层厚度的变化对高温后钢筋与混凝土之间的黏结强度有显著的影响。

另外，从钢筋角度来讲，钢筋的类型和外形特征对混凝土与钢筋的黏结性能也具有重要影响。变形钢筋因为表面有凸出的肋，其机械咬合力是黏结力最重要的组成部分，所以变形钢筋的黏结力远大于光圆钢筋[64]。周新刚等[61]和 Diederichs 等[65]研究了钢筋外形对高温后混凝土与钢筋黏结性能的影响规律，结果表明：光圆钢筋黏结强度的大小受高温影响显著，黏结强度损失明显；而变形钢筋黏结强度的损失相较于光圆钢筋而言较轻，在 600℃以上高温阶段损失程度严重。Ergün 等[66]还研究了钢筋直径对高温后黏结性能的影响，结果表明：随着钢筋直径增大，高温后黏结强度降低。

1.3　高温条件下混凝土微观结构研究现状

混凝土结构服役的过程中，会受到火灾等外部环境的威胁，这些环境因素将导致混凝土材料内部微观结构产生损伤，进而对混凝土的性能产生影响。因此，为了探究高温后混凝土材料力学性能的劣化机理，国内外对高温后混凝土微观结构演变规律做了深入的研究。

1.3.1　高温条件下混凝土微观形貌及物理化学变化

20 世纪 90 年代，李卫等[67]和胡倍雷等[68]对高温后混凝土的抗压强度进行了试验研究，发现混凝土结构受热劣化的机理与水化产物和骨料的热分解有关，混凝土的抗压强度随着温度的升高而下降，但在 100～150℃左右时，由于蒸气养护的作用促进了二次水化反应[69]，混凝土的抗压强度不降反增。随着科技的进步，学者开始利用微观试验方法来解释高温后混凝土的损伤机理。吴波等[70]利用扫描电子显微镜(scanning electron microscope, SEM)对高温后混凝土的断面进行了微观分析，发现温度低于 400℃时，混凝土断面上的孔隙较少，结构较密实，当温度上升到 500℃时，混凝土断面上的孔隙裂缝增多，结构开始变得疏松。万胜武等[71]对不同水泥类型的混凝土进行高温后 X 射线衍射(X-ray diffractometer, XRD)物相分析，发现经过高温作用后，$Ca(OH)_2$ 及其他水化产物的衍射峰均存在不同程度的降低。阎慧群等[72]采用不同的升温制度对混凝土进行高温试验，并利用 SEM、XRD 对其微观结构进行分析，发现随着温度升高，$Ca(OH)_2$ 开始分解，最终导致混凝土抗压强度降低[73]。柳献等[74]对高温后高性能混凝土进行了热重(thermal gravimetric, TG)分析和压汞试验，研究表明：温度升高至 200℃左右时，混凝土开始脱水分解；温度升高至 400℃时，$Ca(OH)_2$ 开始分解；温度升高至 800℃时，$CaCO_3$ 开始分解。邓明科等[75]借助 SEM、XRD 和 TG 分析等试验，揭示了高温后微观机制对混凝土抗压强度的影响规律，即混凝土基体在不同温度下发生物相分解导致混凝土抗压强度降低。吕天启等[76]对高温后混凝土进行了 XRD 和 SEM 分析，结果表明：温度升高至 100℃时，有利于 C-S-H 凝胶和 Ca(OH)$_2$ 的水化；300℃时，混凝土内部结晶水丧失，水化物开始分解；500℃时，结晶水全部丧失，Ca(OH)$_2$ 开始分解，混凝土表面出现裂缝；700℃时，Ca(OH)$_2$ 完全分解，CaCO$_3$ 出现少量分解，裂缝明显贯通；直至 900℃时，骨料破碎，混凝土试件已不成形。

国内外学者对高温后混凝土力学性能演变的微观机理也做了大量的试验研究。Li 等[77]研究发现：温度达到 600℃时，纤维对混凝土的增强效果消失，此温度下混凝土表面呈多孔疏松状态，并通过 TG、XRD 及 SEM 分析了材料内部形态和化学成分随温度的变化规律。Ma 等[12]总结了高温后混凝土力学性能变化的物理化学机理：一是水分的蒸发，研究表明 105℃时，混凝土内部的自由水完全蒸发，结合水开始蒸发；300℃时，混凝土内部未水化水泥颗粒被激活进而水化，混凝土强度略微提高；400℃时，毛细水完全蒸发[78]。二是水化产物的热分解，350℃以上，Ca(OH)$_2$ 开始分解，但是其分解对混凝土强度的降低没有关键影响；560℃左右，C-S-H 凝胶开始分解；580～900℃时，碳酸盐开始脱碳分解。三是集料的热分解，573℃左右，硅质骨料由 α 相转变为 β 相，引起了混凝土结构的膨胀[79,80]；600℃以上，石灰石开始分解。四是高温后混凝土的孔隙不断变大，孔隙率不断增加[81]，微观结构不断劣化，最终导致混凝土抗压强度降低。

由上述分析可知，国内外学者对高温后混凝土抗压强度的研究已趋于成熟，高温对抗压强度损伤的机理集中于水分蒸发、水化产物和骨料分解带来的孔隙裂缝增大，以及它们之间膨胀变形不协调而引起的界面开裂。因此，通过对混凝土孔隙等微观结构的改性来提升混凝土结构的抗压强度，从而使混凝土结构的抗火性能得以提升，是目前大多数学者共同追求的目标。

1.3.2　高温条件下混凝土孔结构研究现状

混凝土是非均质的多相(气体、液体、固体)和多尺度(微观、细观、宏观)的复合材料，结构复杂。混凝土宏观的特征，如不规则性、不确定性、模糊性和非线性，与其微观结构的复杂性相关。其中，孔隙结构是混凝土微观结构的重要组成部分，与其力学性能和耐久性密切相关[82]。混凝土在遭受火灾、经历高温的情况下，其孔结构会随温度升高而发生变化，进而影响宏观性能。因此，需研究混凝土高温后的孔结构以进一步明晰力学性能的劣化机理。

1. 高温后混凝土孔结构测试

目前，测试混凝土孔结构常用的方法有核磁共振法(nuclear magnetic resonance, NMR)、氮吸附法、压汞法(mercury intrusion porosimetry, MIP)。

NMR 的原理是氢原子核在外部磁场的作用下会产生共振，并且会吸收外部磁场所释放的能量，从而氢原子从低能态被激发到高能态，当外部磁场消失时，高能态的氢原子又会释放能量恢复到低能态，这个恢复的过程称为弛豫。核磁共振仪能够获取横向弛豫时间 T_2，然后通过信号强度等信息表征混凝土等多孔介质孔隙内部流体中氢原子的分布密度，也就是混凝土内部孔结构的分布特点。因此，NMR 可在不破坏连通孔和非连通孔之间孔壁的情况下进行检测。此外，NMR 具有检测效率高、重复性好、无损检测、结果准确等优点，已成为测试多孔介质内部孔结构变化的有力手段。目前，NMR 技术作为一种新的快速检测岩石、混凝土和其他多孔介质孔结构的方法逐渐得到广泛的应用。Shen 等[83]利用 NMR 技术测出高温后风积砂混凝土的 T_2 谱分布曲线和曲线面积，发现曲线面积随温度的升高呈先增后减的趋势，进一步分析内部孔径占比随温度的变化规律，发现微孔和中孔逐渐转变为大孔。薛维培等[84]采用 NMR 技术研究了高温后玄武岩纤维混凝土孔结构的变化特征，发现 T_2 谱曲线峰值逐渐往右移，随着温度升高混凝土微孔数量不断减少，介孔数量不断增加。徐瑞御等[85]应用 NMR 技术测定了高温后轻骨料混凝土孔结构损伤特点，发现累积谱面积随温度升高而增加，且小孔隙比例逐渐减小，大孔隙比例迅速增大。

氮吸附法是将制备好的试验样品放置于液氮温度下，通过检测样品对液氮的吸附量确定样品内部的孔表面积以及孔径分布情况。元成方等[86]利用氮吸附法测试高温后聚丙烯纤维混凝土的孔隙结构特征，结果表明：混凝土在经历高温之后孔径大于 200nm 的孔数量显著增多，孔径小于 50nm 的孔数量显著减少，最可几孔径也显著增大。申嘉荣等[87]采用氮吸附法测试高温对混凝土孔隙结构的影响规律，研究发现：随着温度的升高，混凝土内部的孔隙率会逐渐增大，而且孔隙率与混凝土中的化学结合水含量呈线性相关，当温度高于 250℃时，混凝土孔结构会出现较严重的破坏。

MIP 是测量多孔介质体系孔结构最经典的技术之一。汞是一种不浸润的液体金属，只有在外部压力作用下才会进入样品内部。压汞法是施加一定的压力将汞压入处于真空状态的混凝土样品内部，汞能进入的孔隙半径与施加的压力呈反比关系，压力越大，汞进入孔隙的半径越小，根据汞侵入体积不仅可以测出样品的总孔体积、总孔面积、孔隙率等孔结构参数，还可以测出孔隙率、比表面积、阈值孔径、临界孔径等多种孔结构参数，这些参数与混凝土的宏观性能具有较好的相关性[83]。陈良豪等[88]运用压汞法对高温后高性能混凝土的孔结构进行分析，结果表明：温度越高对混凝土的孔结构破坏越严重，其孔隙率、平均孔径、总孔面积、总孔体积随温度升高而逐渐增大。阎蕊珍[89]采用压汞法对高温后高性能混凝土孔结构进行研究，结果表明：100℃时，由于水的蒸发，总孔隙率随温度升高而略有增高；300℃时，温度使其达到二次蒸养状态，致使总孔隙率降低，结构变得密实；700℃左右时，混凝土总孔隙率呈线性增大；最可几孔径也随着温度的升高而增大。Liu 等[90]应用压汞试验测定了高温后沙漠砂混凝土的孔结构参数，进一步讨论了力学性能与孔结构参数之间的关系，发现不同温度后混凝土的总孔体积、平均孔径、孔隙率和阈值孔径均与温度呈正相关关系；随着总孔体积、平均孔径、孔隙率和阈值孔径的增大，相对抗压强度、弯曲强度和劈裂抗拉强度逐渐降低。Tchekwagep 等[91]采用压汞法测定了不同温度后的硫铝酸盐水泥混凝土内部孔结构对其力学性能的影响，发现孔隙率随温度的升高逐渐增大，孔结构逐渐被破坏，抗压强度逐渐降低；抗压强度与孔隙率的关系可采用 Schiller 方程定量描述。

NMR 是根据 T_2 谱分布面积及各峰的变化整体分析孔结构的演化规律，因此不能得出阈值孔径、临界孔径、平均孔径、总孔面积等孔结构参数；而氮吸附法测试过程中，测试样品大小和孔隙分布不均等因素，造成对大孔测试的误差，从而影响孔隙参数的准确性。MIP 不仅可以获取多种孔结构参数，还可以弥补氮吸附法的不足，所以选用压汞法对混凝土进行孔结构测试。

2. 混凝土孔结构与强度关系研究

研究混凝土孔结构是为了从孔结构的角度分析混凝土宏观性能的变化机理，从而建立定量关系模型，通过孔结构的特征变化来描述混凝土的性能。

早在 20 世纪初，法国研究学者 Feret 等对混凝土孔隙率与抗压强度关系进行了研究，发现孔隙率与抗压强度呈负相关关系[92]。之后其他学者探索了不同的孔结构参数与混凝土强度的关系。骆冰冰等[93]采用压汞法研究了自密实混凝土孔结构对抗压强度的影响，结果表明：混凝土的抗压强度与总孔体积、比表面积、平均孔径有较好的相关性，与比表面积呈正相关关系，与总孔体积、平均孔径呈负相关关系。杨佑升[94]采用压汞法对混凝土微观结构和抗压强度的关系进行了研究，结果表明：混凝土的抗压强度随着孔隙率、平均孔径、最可几孔径、临界孔径增大而降低；小于 20nm 的孔对提高混凝土的抗压强度最有利，大于 200nm 的孔对抗压强度的提高最不利。冯庆革等[95]对高活性稻壳灰混凝土的强度特性和孔结构进行了研究，发现使用稻壳灰部分替代水泥可以优化孔结构，增大无害孔隙占比，减小最可几孔径和平均孔径，从而可以提高混凝土的抗压强度。Guo 等[96]研究混凝土抗压强度与孔结构关系，得出在混凝土养护 28 天时抗压强度与总孔容、中值孔径、平均孔径、孔隙率、过渡孔、大孔含量呈负相关关系。

Zhang 等[97]研究发现，混凝土的孔隙率和孔径大小对抗压强度和劈裂抗拉强度有显著影响，混凝土的峰值应力、峰值应变、抗压强度、劈裂抗拉强度随着混凝土孔隙率和孔径的增大不断减小。Lü 等[98]研究了混凝土大孔($d>50$nm)和中孔($d\leqslant$ 50nm)孔隙与抗压强度的关系，结果表明：抗压强度随着大孔孔隙率的增大呈线性减小，而随着中孔孔隙率的增大而增大，认为中孔孔隙对抗压强度的调节有积极影响。Duan 等[99]的混凝土孔结构试验研究表明，具有较小孔隙率和合理孔径分布的混凝土才表现出较高的抗压强度。张磊蕾等[100]的试验研究表明：平均孔径和孔径分布对混凝土的抗压强度有显著影响，小于 100μm 的孔径占比越小，100～400μm 的孔径占比越大，平均孔径越大，则抗压强度越低。

综上所述，混凝土不同的孔结构参数和孔径分布对强度的影响还未统一，所以尚需进一步对混凝土孔结构和强度的关系进行研究。

1.4 持续荷载、碳化作用下混凝土高温力学性能研究现状

1.4.1 荷载作用下混凝土高温力学性能

1. 瞬态蠕变变形

常温环境下，在持续荷载作用下，混凝土的变形行为主要体现为蠕变变形。蠕变(或称为徐变)是指混凝土在持续恒定的荷载作用下，随时间延长而逐渐增加的变形，反映了混凝土在荷载作用下的流变性能。混凝土蠕变特性对安全而经济的混凝土结构设计具有重要意义。混凝土蠕变变形是一个复杂的现象，受多种因素的影响，不仅取决于持续荷载水平和加载时间[101,102]，还取决于加载时环境温度和相对湿度[102]以及混凝土强度和构件/结构尺寸[103]。

在高温和持续荷载共同作用下混凝土首先会产生明显的瞬态蠕变应变，它是混凝土在高温持荷条件下的重要变形特征。瞬态应变是指混凝土在荷载作用下首次被加热到特定温度时产生的附加应变[104]。蠕变应变为混凝土在恒定温度下由于持续荷载作用而产生的附加应变[105]。二者都是混凝土在温度和持续荷载共同作用下产生的附加应变。在实际过程中由于分离瞬态应变和蠕变应变比较困难，往往将这二者结合起来，称为瞬态蠕变应变。

Anderberg 等[106]是研究混凝土高温蠕变的先驱。他们提出了在高温和加载条件下变形分析的早期理论模型，建立了与温度、受热时间和应力水平相关的蠕变应变模型，以及与自由热应变线性相关的瞬态应变模型。之后，Schneider[107]将混凝土瞬态应变和蠕变应变组合起来进行研究，建立了与温度和应力水平相关的瞬态蠕变应变计算模型。由于考虑了不同混凝土类型和骨料类型以及含水率等多种因素对瞬态蠕变应变的影响，该模型通过一个经验形函数表示，形式较为复杂。为了简化形式，后来的学者常采用多项式[108,109]或指数函数形式[110]拟合瞬态蠕变应变，以适用于特定环境和试验条件。混凝土瞬态蠕变应变反映了持续荷载对混凝土热膨胀变形的约束程度。由于混凝土结构耐火设计的现实需求，高温蠕变无

论在混凝土受压构件还是受弯构件中都是不可忽视的，它会造成过大的变形，最终成为混凝土结构破坏的主要原因[110,111]。

2. 剩余强度

持续荷载和高温共同作用下混凝土力学性能(包括抗压性能、抗弯性能、抗拉性能以及断裂性能)的变化规律和损伤机理,对于预测在实际服役状态且遭遇火灾时的混凝土结构性能至关重要。Castillo 等[112]研究了加载水平为常温抗压强度40%时的混凝土高温力学性能和变形行为, 结果表明：当温度低于 400℃时, 有预压应力时试件的抗压强度与无应力试件相当, 材料表现为脆性; 当温度高于 400℃时, 有预压应力时的抗压强度损失率反而比无应力条件下的损失率要低, 材料表现为延性。Tao 等[113]的研究结果也表明：当温度在 400℃以上时, 有预压应力试样和无应力试样的抗压强度都有所下降, 但预压应力为 20%常温抗压强度时, 试件抗压强度的下降幅度更小。Yoon 等[114]研究了高强混凝土(强度等级为70MPa、80MPa 和 100MPa)在荷载和高温作用下的抗压性能和变形行为,研究发现:在33%的预压荷载下, 高强混凝土的高温抗压强度均大于无预压荷载条件下的抗压强度; 但是, 当温度过高(800℃)时, 有预压荷载的试件会在加热过程中提前发生破坏。综合目前文献可知, 在高温抗压试验中, 有预压应力的混凝土抗压强度相对于无预压应力的混凝土强度要高出 5%~25%[14,115,116]。此外, 在整个加热过程中, 尤其对于 400℃以上的温度, 有预压应力混凝土的弹性模量均高于无预压应力混凝土的弹性模量, 有预压应力混凝土的压缩应力-应变曲线更陡, 峰值应力点高于无预压应力的混凝土, 且出现较早[117]。但是当温度或预压水平过大时, 试件又会出现剥落现象, 导致试件提前发生破坏[114,116]。

在预压应力作用下, 试件的抗压强度和弹性模量较高, 其原因是混凝土基体和骨料之间不均匀热膨胀引发的内部开裂损伤由于预压荷载的作用而被抑制[14,114]。此外, 高温引起的粗化孔隙在预压作用下被压缩, 使混凝土孔隙结构致密化, 这也有利于提高混凝土在预压应力状态下的抗压强度和弹性模量[117]。

综合上述分析可知, 对持续荷载和高温共同作用时混凝土力学性能的研究主要集中于抗压性能, 而目前关于持续荷载和高温共同作用下混凝土的抗弯性能、抗拉性能以及断裂性能等的研究尚未可见。而研究持续荷载和高温共同作用下混凝土的力学性能更符合实际服役状态下的混凝土结构遭遇火灾的情况, 因此考虑两种因素共同作用下的力学性能对于评估混凝土在火灾和高温环境中的结构性能更加重要。此外, 高温和持续荷载共同作用下混凝土力学性能的损伤演化机理的研究也相对较少, 这对于更深入地理解混凝土力学性能的演变规律和建立相应的预测模型具有重要意义。

1.4.2 碳化作用下混凝土高温力学性能

1. 碳化混凝土力学性能

混凝土碳化是指空气中的 CO_2 与水泥水化产物发生反应生成 $CaCO_3$ 的过程[118]。碳化反应方程如式(1.1)~式(1.4)所示:

$$3CaO \cdot 2SiO_2 \cdot 3H_2O + 3CO_2 \xrightarrow{H_2O} 3CaCO_3 \cdot 2SiO_2 \cdot 4H_2O \qquad (1.1)$$

$$3CaO \cdot SiO_2 + 3CO_2 + \gamma H_2O \longrightarrow SiO_2 \cdot \gamma H_2O + 3CaCO_3 \qquad (1.2)$$

$$Ca(OH)_2 + CO_2 \xrightarrow{H_2O} CaCO_3 + 2H_2O \qquad (1.3)$$

$$2CaO \cdot SiO_2 + 2CO_2 + \gamma H_2O \longrightarrow SiO_2 \cdot \gamma H_2O + 2CaCO_3 \qquad (1.4)$$

空气中的二氧化碳通过混凝土表面的孔隙与微裂缝扩散到其内部,溶解于内部的孔隙溶液与水形成碳酸,在碱性条件下,形成碳酸根离子,与混凝土内部的 $Ca(OH)_2$、C-S-H 凝胶等水化产物发生中和反应,降低了混凝土内部碱性,增加了钢筋脱钝并锈蚀的风险[119]。此外,碳化作用会加剧混凝土收缩,由于骨料的限制,碳化收缩使水泥石内产生拉应力而开裂,导致裂缝的产生,使结构遭到破坏[120,121]。

学者对混凝土碳化性能进行了研究,发现混凝土碳化深度随碳化龄期的增加而增加[122]。另外,混凝土碳化深度早期发展较快,随着时间的延长,混凝土碳化深度发展速度逐渐减缓,并且随着养护时间的延长,延缓了混凝土的早期碳化发展速度[123]。碳化作用降低了混凝土内部碱性,导致钢筋锈蚀;但也有研究表明,碳化使普通混凝土凝胶孔和部分毛细孔被碳化产物填充,孔结构发生变化,从而提高了抗压强度和弹性模量。张金喜等[124]、谢晓鹏等[125]对碳化混凝土力学性能进行了研究,发现碳化后混凝土的抗压强度和弹性模量均有所提高,峰值应变降低。徐善华等[126]研究了碳化对混凝土强度、刚度以及变形能力的影响,发现碳化对于混凝土强度的提高作用有限,碳化后混凝土峰值压应变明显降低,弹性模量提高,试件破坏时脆性更加明显;随着碳化深度的增加,混凝土应力-应变曲线下降段明显变陡,即碳化后混凝土逐渐变脆,塑性变形能力降低。

2. 碳化混凝土高温力学性能

随着社会迅速发展,城市化进程持续推进,建筑火灾变得易发、频发,火灾使得混凝土内部结构发生变化,也使得混凝土材料发生物理化学变化,从而使得混凝土的变形能力发生改变,影响混凝土结构的整体性能以及承载能力[127]。然而,在实际火灾中混凝土会同时受碳化和高温的作用，导致结构的性能劣化，因此亟须研究碳化高温后混凝土的力学性能。

有学者研究发现，混凝土处于先碳化后高温环境时，碳化对混凝土高温损伤有一定的缓解作用，从而提高了其强度。Xie 等[128]研究了碳化与未碳化混凝土高温后的力学性能，发现碳化混凝土的抗压强度和弹性模量随温度的升高而降低，整体性能优于未碳化混凝土。Li 等[129]采用 TG、XRD 等技术研究了碳化水泥砂浆高温后的化学和矿物变化，发现碳化水泥砂浆具有较好的耐高温性能，其吸热能力是未碳化的 3.3 倍，碳化抑制了一定的高温损伤，合理的碳化工艺可以在一定程度上提高混凝土的耐火性能。在此研究基础上，Li 等[130]采用 MIP 和 SEM 研究了碳化水泥砂浆高温后微观结构的演化，发现碳化可以提高水泥砂浆的耐高温性能，但温度超过 600℃时，对其提高程度会降低。王志慧[122]研究了碳化高温后混凝土的力学性能及微观结构，发现碳化反应生成的 $CaCO_3$ 对混凝土内部孔隙起到填充作用，进而提高其高温后的力学性能。高健[131]研究了碳化后混凝土在高温中的抗压性能，发现碳化 28 天后混凝土高温中的峰值应变、峰值应力和弹性模量均有一定程度的提高。Xuan 等[132]研究了未碳化和碳化再生混凝土在高温后的残余力学性能，发现碳化作用提高了峰值应变、抗压强度和弹性模量。

1.5　DIC 方法及应用

1.5.1　DIC 的基本原理及优势

数字图像相关（digital image correlation, DIC）方法是一种基于计算机视觉原理和数字图像处理技术的非接触式变形测量方法。它可以应用于固体材料和结构表面的位移、变形以及形貌的测量。DIC 方法现已广泛应用于各种工程变形测量中，包括航空航天、生物工程、微电子、机械工程、土木工程等领域[133,134]。

与传统变形测量方法（位移计和应变片）相比，DIC 方法具有十分明显的优势。首先，它测得的变形数据是二维或三维的场数据，而不是单独的一个点或几个点上的位移或应变值，因此，更有利于从全局角度对物体变形进行分析；其次，它的测量范围广泛，且测量精度较高，从平面到曲面、微纳米尺度到宏观尺度、常温环境至高低温环境、静态到高速动态的变形等[133]，均有良好的适用性。最后，它属于非接触测量，试验准备过程简单，只需要在试件表面进行散斑制作，并保证一定的照明环境（通过 LED 光源进行补光）即可，试验设备操作简单，现场测量非常方便。

1.5.2　DIC 方法的应用

DIC 方法可以获得全场的位移和应变数据，因此该方法广泛应用于岩石、混凝土以及其他各种复合材料的变形测量和损伤分析中。该方法的应用主要有以下几方面。

（1）基于全场位移和应变场数据，提取特定位置和区域的位移及应变，从而计算材料和结构的各类参数[133]，如挠度、裂缝口张开位移（虚拟引伸计）、弹性模量、泊松比、热膨胀系数、应力-应变曲线、应力强度因子等，或通过虚拟场方法提取材料的弹性和塑性材料参数等。此外，对混凝土、岩石等准脆性材料来说，宏观裂缝扩展时在裂缝尖端会出现断裂过程区，断裂过程区的存在使混凝土裂缝在起裂后不会立即失稳扩展，而是经历一个稳定的亚临界扩展阶段，这是线弹性断裂力学不适用于分析混凝土断裂行为的根本原因。因此，观测和研究断裂过程区对混凝土断裂力学的发展具有重要的意义。荣华[135]采用 DIC 方法测试了混凝土断裂过程区的长度和宽度尺寸，结果表明：断裂过程区长度随裂缝扩展先增加，当达到完整断裂过程区长度后，随裂缝的扩展又逐渐减小，且断裂过程区长度与裂缝扩展截面的高度具有相关性。

（2）基于全场位移和应变场数据，研究材料或结构在荷载作用下的变形演化特征，并分析其力学行为。Alam 等[136]和 Hamrat 等[137]采用 DIC 方法对混凝土梁的弯曲行为进行了试验研究。结果表明：DIC 方法在混凝土梁变形和裂缝宽度测量中优势明显，它可以准确检测到初始裂缝的产生，并跟踪裂缝的扩展演化全过程。Zhang 等[138]利用 DIC 方法研究了砂岩在劈裂破坏时的裂缝扩展演化过程，并且发现位移云图显示在开裂前，试件部分区域出现滑移，由此判断裂缝属于剪切型裂缝。Boulekbache 等[139]利用 DIC 方法分析了钢纤维混凝土在劈裂拉伸过程的破坏模式和力学机理，结果表明：普通混凝土的裂缝是从试件中心萌生的竖直通缝；对于钢纤维混凝土，主裂缝从试件中心萌生向加载点扩展，次生裂缝会在加载点产生，并向中心方向逐步扩展。赵燕茹等[140]利用 DIC 方法测量钢纤维从混凝土基体拔出过程中界面的应变分布及变化规律，结果表明：局部应变集中导致了纤维界面剪切破坏的局部化现象，界面局部脱黏破坏的现象沿纤维方向逐次交替发生。Ji 等[141]对用环氧树脂修复的混凝土试件进行了轴心抗压强度试验和三点弯曲试验，采用 DIC 方法识别其应变场演化过程，同时采用塑性损伤本构模型和有限元法对试验进行了模拟，结果表明：数值计算得到的荷载-位移曲线、损伤分布和应变场与 DIC 方法测得的试验结果吻合较好，验证了模型的正确性。

（3）基于全场位移和应变数据，选取特定的变形特征参数作为损伤指标，表征材料的损伤行为。Song 等[142]和 Zhang 等[143]基于岩石材料在压缩和劈裂试验中获得的位移场和应变场数据，通过统计分析得到，前 10%左右的最大应变点在损伤局部化及裂缝形成阶段表现活跃，随荷载非线性快速增长。因此，将前10%最大应变点以及其分布坐标作为描述损伤的参量，分别提出了损伤程度因子和损伤局部化因子表征岩石的损伤程度和损伤的空间分布，结果表明：损伤双因子能够定量描述准脆性材料的损伤演化和局部化过程。Munoz等[144]研究了砂岩在循环加载中的损伤演化和损伤局部演化过程，基于DIC方法测得的岩石表面轴向应变场数据，提取一个循环加载过程中的不可逆轴向应变和弹性模量指标，由此定义损伤程度函数，通过分析损伤演化场可知：局部应变的不可逆积累和材料局部刚度的退化是岩石试件整体承载能力丧失的主要原因。

　　（4）DIC方法在高温环境下的应用。研究表明，DIC方法对高温环境具有很好的适应性。潘兵等[145]分别在1200℃高温环境和瞬态热冲击环境下对高温合金材料进行变形测试，得到了精度较好的结果。王伟[146]在600～3000℃高温真空环境下对耐热结构材料进行力学性能测试，通过对散斑质量的控制和高温光源的选择，最终得到了较好的力学参数。陈李[147]对100～1200℃的奥氏体镍铬不锈钢试样进行热变形测试，得到了与航空手册相近的结果。

参 考 文 献

[1] 国家消防救援局. 2020年全国火灾及接出警情况[EB/OL]. https://www.119.gov.cn/gk/sjtj/2022/13721.shml[2023-03-10].

[2] 国家消防救援局. 平均每年冬季火灾20.4万起[EB/OL]. https://www.119.gov.cn/gk/sjtj/2022/26482.shtml[2023-03-10].

[3] 张誉, 蒋利学, 张伟平. 混凝土结构耐久性概论[M]. 上海: 上海科学技术出版社, 2003.

[4] Magisano D, Liguori F, Leonetti L, et al. A quasi-static nonlinear analysis for assessing the fire resistance of reinforced concrete 3D frames exploiting time-dependent yield surfaces[J]. Computers & Structures, 2019, 212: 327-342.

[5] 屠柳青. 高性能补偿收缩混凝土碳化行为与机理研究[D]. 武汉: 武汉理工大学, 2011.

[6] 汪彦斌. 弯曲荷载作用下的混凝土箱梁碳化研究[D]. 兰州: 兰州交通大学, 2018.

[7] Li T, Wang S L, Xu F, et al. Study of the basic mechanical properties and degradation mechanism of recycled concrete with tailings before and after carbonation[J]. Journal of Cleaner Production, 2020, 259: 120923.

[8] Ma J, Yan X X, Zhang H, et al. A reinforced-concrete-like ultrathick cathode supported by carbonization kapok fibers for high loading lithium sulfur batteries[J]. Materials Letters, 2020, 264: 127312.

[9] 袁群, 何芳婵, 李杉. 混凝土碳化理论与研究[M]. 郑州: 黄河水利出版社, 2009.

[10] 王伟, 林敏. 建筑物火灾后结构检测鉴定实例[J]. 建筑工程技术与设计, 2014, (24): 867.

[11] 孙伟. 现代混凝土材料与结构服役特性的研究进展[J]. 混凝土世界, 2009, 1(7): 20-30.

[12] Ma Q, Guo R X, Zhao Z M, et al. Mechanical properties of concrete at high temperature—A review[J]. Construction and Building Materials, 2015, 93: 371-383.

[13] Shah S N R, Akashah F W, Shafigh P. Performance of high strength concrete subjected to elevated temperatures: A review[J]. Fire Technology, 2019, 55(5): 1571-1597.

[14] Malik M, Bhattacharyya S K, Barai S V. Thermal and mechanical properties of concrete and its constituents at elevated temperatures: A review[J]. Construction and Building Materials, 2021, 270: 121398.

[15] Chen B, Liu J Y. Residual strength of hybrid-fiber-reinforced high-strength concrete after exposure to high temperatures[J]. Cement and Concrete Research, 2004, 34(6): 1065-1069.

[16] Behfarnia K, Shahbaz M. The effect of elevated temperature on the residual tensile strength and physical properties of the alkali-activated slag concrete[J]. Journal of Building Engineering, 2018, 20: 442-454.

[17] Varona F B, Baeza F J, Bru D, et al. Influence of high temperature on the mechanical properties of hybrid fibre reinforced normal and high strength concrete[J]. Construction and Building Materials, 2018, 159: 73-82.

[18] Xie J H, Zhang Z, Lu Z Y, et al. Coupling effects of silica fume and steel-fiber on the compressive behaviour of recycled aggregate concrete after exposure to elevated temperature[J]. Construction and Building Materials, 2018, 184: 752-764.

[19] Dilbas H, Şimşek M, Çakir Ö. An investigation on mechanical and physical properties of recycled aggregate concrete(RAC) with and without silica fume[J]. Construction and Building Materials, 2014, 61: 50-59.

[20] Zhao H, Liu F Q, Yang H. Residual compressive response of concrete produced with both coarse and fine recycled concrete aggregates after thermal exposure[J]. Construction and Building Materials, 2020, 244: 118397.

[21] Tai Y S, Pan H H, Kung Y N. Mechanical properties of steel fiber reinforced reactive powder concrete following exposure to high temperature reaching 800℃[J]. Nuclear Engineering and Design, 2011, 241(7): 2416-2424.

[22] Ahmad S, Sallam Y S, Al-Hawas M A. Effects of key factors on compressive and tensile strengths of concrete exposed to elevated temperatures[J]. Arabian Journal for Science and Engineering, 2014, 39(6): 4507-4513.

[23] Vieira J P B, Correia J R, de Brito J. Post-fire residual mechanical properties of concrete made with recycled concrete coarse aggregates[J]. Cement and Concrete Research, 2011, 41(5): 533-541.

[24] Alhamad A, Yehia S, Lublóy É, et al. Performance of different concrete types exposed to elevated temperatures: A review[J]. Materials, 2022, 15(14): 1-58.

[25] Pasztetnik M, Wróblewski R. A literature review of concrete ability to sustain strength after fire exposure based on the heat accumulation factor[J]. Materials, 2021, 14(16): 4719.
[26] 苏承东, 管学茂, 李小双. 高温作用后混凝土力学性能试验研究[J]. 河南理工大学学报(自然科学版), 2008, 27(1): 111-117.
[27] 蒋春霞. 高温下混凝土抗拉抗压力学性能解析[J]. 现代盐化工, 2020, 47(4): 51-52.
[28] 李建沛, 周莹莹. 高温后再生混凝土力学性能研究[J]. 消防科学与技术, 2018, 37(12): 1609-1613.
[29] 燕兰, 邢永明. 高温时纳米 SiO_2 钢纤维混凝土轴向拉伸力学性能试验研究[J]. 混凝土, 2013, 12: 50-53.
[30] 郭函. 混凝土高温力学性能研究[D]. 哈尔滨: 哈尔滨工业大学, 2020.
[31] 孔宜鸣. 高温后钢纤维砂浆单轴拉伸性能试验研究[D]. 郑州: 郑州大学, 2020.
[32] 尹强. 聚丙烯纤维对高强混凝土高温后力学性能的影响[J]. 太原理工大学学报, 2013, 44(5): 651-654.
[33] 孙帅, 刘宁. 普通混凝土高温性能研究综述[J]. 四川水泥, 2017, 8: 304.
[34] Grondin F, Dumontet H, Ben Hamida A, et al. Micromechanical contributions to the behaviour of cement-based materials: Two-scale modelling of cement paste and concrete in tension at high temperatures[J]. Cement and Concrete Composites, 2011, 33(3): 424-435.
[35] Grondin F, Dumontet H, Ben Hamida A, et al. Multi-scales modelling for the behaviour of damaged concrete[J]. Cement and Concrete Research, 2007, 37(10): 1453-1462.
[36] Ba G Z, Miao J J, Zhang W P, et al. Influence of cracking on heat propagation in reinforced concrete structures[J]. Journal of Structural Engineering, 2016, 142(7): 04016035.
[37] Behnood A, Ghandehari M. Comparison of compressive and splitting tensile strength of high-strength concrete with and without polypropylene fibers heated to high temperatures[J]. Fire Safety Journal, 2009, 44(8): 1015-1022.
[38] Tanyildizi H, Coskun A. The effect of high temperature on compressive strength and splitting tensile strength of structural lightweight concrete containing fly ash[J]. Construction and Building Materials, 2008, 22(11): 2269-2275.
[39] 高丹盈, 赵亮平, 冯虎, 等. 钢纤维混凝土弯曲韧性及其评价方法[J]. 建筑材料学报, 2014, 17(5): 783-789.
[40] 牛旭婧. 聚丙烯粗纤维对高强混凝土高温后性能影响[D]. 秦皇岛: 燕山大学, 2013.
[41] Ergün A, Kürklü G, Serhat B M, et al. The effect of cement dosage on mechanical properties of concrete exposed to high temperatures[J]. Fire Safety Journal, 2013, 55: 160-167.
[42] Netinger I, Kesegic I, Guljas I. The effect of high temperatures on the mechanical properties of concrete made with different types of aggregates[J]. Fire Safety Journal, 2011, 46(7): 425-430.
[43] Yan L, Xing Y M, Li J J. High-temperature mechanical properties and microscopic analysis of

hybrid-fibre-reinforced high-performance concrete[J]. Magazine of Concrete Research, 2013, 65(3): 139-147.

[44] Giaccio G M, Zerbino R L. Mechanical behaviour of thermally damaged high-strength steel fibre reinforced concrete[J]. Materials and Structures, 2005, 38(3): 335-342.

[45] Xiao J Z, Falkner H. On residual strength of high-performance concrete with and without polypropylene fibres at elevated temperatures[J]. Fire Safety Journal, 2006, 41(2): 115-121.

[46] Yu K Q, Lu Z. Determining residual double-K fracture toughness of post-fire concrete using analytical and weight function method[J]. Materials and Structures, 2014, 47(5): 839-852.

[47] Yu K Q, Yu J T, Lu Z D, et al. Determination of the softening curve and fracture toughness of high-strength concrete exposed to high temperature[J]. Engineering Fracture Mechanics, 2015, 149: 156-169.

[48] Yu K Q, Yu J T, Lu Z D, et al. Fracture properties of high-strength/high-performance concrete (HSC/HPC) exposed to high temperature[J]. Materials and Structures, 2016, 49(11): 4517-4532.

[49] Dabbaghi F, Fallahnejad H, Nasrollahpour S, et al. Evaluation of fracture energy, toughness, brittleness, and fracture process zone properties for lightweight concrete exposed to high temperatures[J]. Theoretical and Applied Fracture Mechanics, 2021, 116: 103088.

[50] Zhang B, Bicanic N, Pearce C J, et al. Residual fracture properties of normal- and high-strength concrete subject to elevated temperatures[J]. Magazine of Concrete Research, 2000, 52(2): 123-136.

[51] Chen W, Peng L X, Yang H F, et al. Residual fracture energy of natural and recycled aggregate concrete after exposure to high temperatures[J]. Structural Concrete, 2024, 24: 1879-1892.

[52] Abolhasani A, Shakouri M, Dehestani M, et al. A comprehensive evaluation of fracture toughness, fracture energy, flexural strength and microstructure of calcium aluminate cement concrete exposed to high temperatures[J]. Engineering Fracture Mechanics, 2022, 261: 108221.

[53] Chen G M, Yang H, Lin C J, et al. Fracture behaviour of steel fibre reinforced recycled aggregate concrete after exposure to elevated temperatures[J]. Construction and Building Materials, 2016, 128: 272-286.

[54] Watanabe K, Bangi M R, Horiguchi T. The effect of testing conditions (hot and residual) on fracture toughness of fiber reinforced high-strength concrete subjected to high temperatures[J]. Cement and Concrete Research, 2013, 51: 6-13.

[55] Peng G F, Bian S H, Guo Z Q, et al. Effect of thermal shock due to rapid cooling on residual mechanical properties of fiber concrete exposed to high temperatures[J]. Construction and Building Materials, 2008, 22(5): 948-955.

[56] 陈良豪. 掺聚丙烯纤维高性能混凝土高温后粘结性能试验研究[D]. 太原: 太原理工大学,

2018.

[57] 吕兆龙. 高温后钢筋与混凝土粘结锚固性能试验研究[D]. 郑州: 河南工业大学, 2014.

[58] 王邦. 高温后钢筋与钢纤维混凝土粘结性能的试验研究[D]. 郑州: 郑州大学, 2009.

[59] Yang H F, Lan W W, Qin Y H, et al. Evaluation of bond performance between deformed bars and recycled aggregate concrete after high temperatures exposure[J]. Construction and Building Materials, 2016, 112: 885-891.

[60] Mousavi S S, Dehestani M, Mousavi K K. Bond strength and development length of steel bar in unconfined self-consolidating concrete[J]. Engineering Structures, 2017, 131: 587-598.

[61] 周新刚, 吴江龙. 高温后混凝土与钢筋粘结性能的试验研究[J]. 工业建筑, 1995, 5: 37-40.

[62] 唐瑞瑞, 谢福娣, 刘栋栋. 高温后钢筋与混凝土粘结性能研究[J]. 建筑结构, 2013, 43(S1): 1475-1478.

[63] Arel B H Ş, Yazıcı Ş. Effect of different parameters on concrete-bar bond under high temperature[J]. ACI Materials Journal, 2014, 111(6): 633-640.

[64] 周子健, 霍静思, 金宝. 高温后钢筋与混凝土粘结性能试验与损伤机理分析[J]. 实验力学, 2018, 33(2): 209-218.

[65] Diederichs U, Schneider U. Bond strength at high temperatures[J]. Magazine of Concrete Research, 1981, 33(115): 75-84.

[66] Ergün A, Kürklü G, Başpinar M S. The effects of material properties on bond strength between reinforcing bar and concrete exposed to high temperature[J]. Construction and Building Materials, 2016, 112: 691-698.

[67] 李卫, 过镇海. 高温下砼的强度和变形性能试验研究[J]. 建筑结构学报, 1993, 14(1): 8-16.

[68] 胡倍雷, 宋玉普, 赵国藩. 多种混凝土材料高温后性能的试验研究[C]//第二届全国结构工程学术会议论文集(上). 北京: 清华大学出版社, 1993: 389-394.

[69] 冶金工业部建筑研究院. 耐火混凝土[M]. 北京: 冶金工业出版社, 1980.

[70] 吴波, 袁杰, 杨成山. 高温后高强混凝土的微观结构分析[J]. 哈尔滨建筑大学学报, 1999, 32(3): 8-12.

[71] 万胜武, 许鹏, 徐杰, 等. 火灾高温后混凝土残余强度的试验研究[J]. 科学技术与工程, 2018, 18(6): 316-320.

[72] 阎慧群, 雷兵, 王清远, 等. 隧道火灾高温后混凝土的力学性能研究[J]. 四川大学学报(工程科学版), 2008, 5: 74-78.

[73] 高丹盈, 李晗, 杨帆. 聚丙烯-钢纤维增强高强混凝土高温性能[J]. 复合材料学报, 2013, 30(1): 187-193.

[74] 柳献, 袁勇, 叶光, 等. 高性能混凝土高温微观结构演化研究[J]. 同济大学学报(自然科学版), 2008, 36(11): 1473-1478.

[75] 邓明科, 成媛, 翁世强, 等. 高温后高延性混凝土的抗压性能及微观结构[J]. 复合材料学

报, 2020, 37(4): 985-996.

[76] 吕天启, 赵国藩, 林志伸, 等. 高温后静置混凝土的微观分析[J]. 建筑材料学报, 2003, 6(2): 135-141.

[77] Li X Q, Yu T Y, Park S J, et al. Reinforcing effects of gypsum composite with basalt fiber and diatomite for improvement of high-temperature endurance[J]. Construction and Building Materials, 2022, 325: 126762.

[78] Hager I. Behaviour of cement concrete at high temperature[J]. Bulletin of the Polish Academy of Sciences: Technical Sciences, 2013, 61(1): 145-154.

[79] Lin W M, Lin T D, Powers-Couche L J. Microstructures of fire-damaged concrete[J]. ACI Materials Journal, 1996, 93(3): 199-205.

[80] Masse S, Vetter G, Boch F, et al. Elastic modulus changes in cementitious materials submitted to thermal treatments up to 1000℃[J]. Advances in Cement Research, 2002, 14(04): 169-177.

[81] Heikal M, El-Didamony H, Sokkary T M, et al. Behavior of composite cement pastes containing microsilica and fly ash at elevated temperature[J]. Construction and Building Materials, 2013, 38: 1180-1190.

[82] 邓雯琴. 纤维混凝土的孔结构特征与耐久性分析[D]. 大连: 大连交通大学, 2010.

[83] Shen Y J, Wang Y Z, Wei X, et al. Investigation on meso-debonding process of the sandstone-concrete interface induced by freeze-thaw cycles using NMR technology[J]. Construction and Building Materials, 2020, 252: 118962.

[84] 薛维培, 刘晓媛, 姚直书, 等. 不同损伤源对玄武岩纤维增强混凝土孔隙结构变化特征的影响[J]. 复合材料学报, 2020, 37(9): 2285-2293.

[85] 徐瑞御, 肖庆峰. 火灾高温下轻骨料混凝土强度和结构损伤规律研究[J]. 消防科学与技术, 2019, 38(6): 760-763.

[86] 元成方, 高丹盈. 聚丙烯纤维混凝土高温后的孔隙结构特征研究[J]. 华中科技大学学报(自然科学版), 2014, 42(4): 122-126.

[87] 申嘉荣, 徐千军. 高温对混凝土孔隙结构改变和抗压强度降低作用的规律研究[J]. 材料导报, 2020, 34(2): 2046-2051.

[88] 陈良豪, 杜红秀. 高强高性能混凝土高温后超声检测及压汞分析[J]. 中国科技论文, 2017, 12(13): 1503-1507.

[89] 阎蕊珍. 高温对 C40 高性能混凝土物理力学性能的影响[D]. 太原: 太原理工大学, 2015.

[90] Liu H F, Li L Y, Tao R G, et al. Study on the mechanical properties and pore structure of desert sand concrete(DSC)after high temperature[J]. Physics and Chemistry of the Earth, Parts A/B/C, 2022, 128: 103220.

[91] Tchekwagep J J K, Zhao P, Wang S, et al. The impact of changes in pore structure on the compressive strength of sulphoaluminate cement concrete at high temperature[J]. Materials

Science—Poland, 2021, 39(1): 75-85.

[92] 吴中伟, 廉慧珍. 高性能混凝土[M]. 北京: 中国铁道出版社, 1999.

[93] 骆冰冰, 毕巧巍. 混杂纤维自密实混凝土孔结构对抗压强度影响的试验研究[J]. 硅酸盐通报, 2012, 31(3): 626-630.

[94] 杨佑升. 水泥混凝土微观结构对抗压强度的影响[J]. 公路工程, 2009, 34(4): 151-154.

[95] 冯庆革, 杨绿峰, 陈正, 等. 高活性稻壳灰混凝土的强度特性和孔结构研究[J]. 武汉理工大学学报, 2005, 27(2): 17-20.

[96] Guo Y C, Wu S L, Lyu Z H, et al. Pore structure characteristics and performance of construction waste composite powder-modified concrete[J]. Construction and Building Materials, 2021, 269: 121262.

[97] Zhang S R, Cao K L, Wang C, et al. Influence of the porosity and pore size on the compressive and splitting strengths of cellular concrete with millimeter-size pores[J]. Construction and Building Materials, 2020, 235: 117508.

[98] Lü Q, Qiu Q L, Zheng J, et al. Fractal dimension of concrete incorporating silica fume and its correlations to pore structure, strength and permeability[J]. Construction and Building Materials, 2019, 228: 116986.

[99] Duan P, Zhou W, Yan C J. Investigation of pore structure and ITZ of concrete blended with mineral admixtures in a seawater environment[J]. Magazine of Concrete Research, 2015, 67(15): 812-820.

[100] 张磊蕾, 王武祥. 泡沫剂品种对泡沫混凝土孔结构和性能的影响研究[J]. 墙材革新与建筑节能, 2011, 153(8): 28-30.

[101] CEB. CEB-FIP Model Code 1990: Design Code[S]. London: Thomas Telford House, 1990.

[102] Zheng W Z, Tang C. A new multicoefficients creep model for concrete[J]. Journal of Testing and Evaluation, 2018, 46(1): 199-214.

[103] Gayarre F L, González J S, Pérez C L C, et al. Shrinkage and creep in structural concrete with recycled brick aggregates[J]. Construction and Building Materials, 2019, 228: 1-11.

[104] Debicki G, Diederchs V, Franssen J M, et al. Recommendations: Part 7: Transient creep for service and accident conditions[J]. Materials and Structures, 1998, 31(5): 290-295.

[105] Debicki G, Diederchs V, Franssen J M, et al. Recommendations: Part 8: Steady-state creep and creep recovery for service and accident conditions[J]. Materials and Structures, 2000, 33(1): 6-13.

[106] Anderberg Y, Thelandersson S. Stress and deformation characteristics of concrete at high temperatures. 2. Experimental investigation and material behaviour model[J]. Bulletin of Division of Structural Mechanics and Concrete Construction, 1976, 54: 1-84.

[107] Schneider U. Modelling of concrete behaviour at high temperatures[M]//Design of Structures

Against Fire. Birmingham: Elsevier Applied Science Publishers, 1986: 53-69.

[108] Li L Y, Purkiss J. Stress-strain constitutive equations of concrete material at elevated temperatures[J]. Fire Safety Journal, 2005, 40(7): 669-686.

[109] Terro M J. Numerical modeling of the behavior of concrete structures in fire[J]. ACI Structural Journal, 1998, 95(2): 183-193.

[110] Kodur V K R, Alogla S M. Effect of high-temperature transient creep on response of reinforced concrete columns in fire[J]. Materials and Structures, 2016, 50(1): 27.

[111] Sadaoui A, Khennane A. Effect of transient creep on behavior of reinforced concrete beams in a fire[J]. ACI Materials Journal, 2012, 109(6): 607-615.

[112] Castillo C, Durrani A J. Effect of transient high temperature on high-strength concrete[J]. ACI Materials Journal, 1990, 87(1): 47-53.

[113] Tao J, Yuan Y, Taerwe L. Compressive strength of self-compacting concrete during high-temperature exposure[J]. Journal of Materials in Civil Engineering, 2010, 22(10): 1005-1011.

[114] Yoon M, Kim G, Kim Y, et al. Creep behavior of high-strength concrete subjected to elevated temperatures[J]. Materials, 2017, 10(7): 781.

[115] Phan L T, Carino N J. Effects of test conditions and mixture proportions on behavior of high-strength concrete exposed to high temperatures[J]. ACI Materials Journal, 2002, 99(1): 54-66.

[116] Kim Y S, Lee T G, Kim G Y. An experimental study on the residual mechanical properties of fiber reinforced concrete with high temperature and load[J]. Materials and Structures, 2013, 46(4): 607-620.

[117] Fu Y F, Wong Y L, Poon C S, et al. Stress-strain behaviour of high-strength concrete at elevated temperatures[J]. Magazine of Concrete Research, 2005, 57(9): 535-544.

[118] Shekarchi M, Bonakdar A, Bakhshi M, et al. Transport properties in metakaolin blended concrete[J]. Construction and Building Materials, 2010, 24(11): 2217-2223.

[119] Papadakis V G, Vayenas C G, Fardis M N. Fundamental modeling and experimental investigation of concrete carbonation[J]. ACI Materials Journal, 1991, 88(4): 363-373.

[120] 王家滨, 牛荻涛. 弯曲荷载下喷射混凝土衬砌碳化耐久性研究[J]. 硅酸盐通报, 2018, 37(6): 1818-1824.

[121] 韩宇栋, 张君, 岳清瑞, 等. 现代混凝土收缩研究评述[J]. 混凝土, 2019, (2): 1-12, 16.

[122] 王志慧. 碳化高温后混凝土力学性能及微观结构试验研究[D]. 呼和浩特: 内蒙古工业大学, 2019.

[123] 胡晓鹏, 孙广帅, 张成中, 等. 混凝土早期碳化性能的试验研究[J]. 西安建筑科技大学学报(自然科学版), 2017, 49(4): 492-496.

[124] 张金喜, 王建刚, 冉晋. 不同劣化作用对混凝土力学性能的影响[J]. 混凝土, 2016, 11: 52-55.

[125] 谢晓鹏, 高丹盈, 赵军. 钢纤维混凝土冻融和碳化后力学性能试验研究[J]. 西安建筑科技大学学报(自然科学版), 2006, 4: 514-517, 589.

[126] 徐善华, 李安邦, 崔焕平, 等. 单调荷载作用下碳化混凝土应力-应变关系试验研究[J]. 建筑结构, 2016, 46(6): 81-85.

[127] 王海东, 蒋亚龙, 邱摇. 火灾对(预应力)混凝土结构力学性能的影响分析[J]. 安徽建筑, 2022, 29(10): 60-61.

[128] Xie Q F, Zhang L P, Yin S, et al. Effects of high temperatures on the physical and mechanical properties of carbonated ordinary concrete[J]. Advances in Materials Science and Engineering, 2019, 2019: 126728390.

[129] Li Y Q, Mi T W, Liu W, et al. Chemical and mineralogical characteristics of carbonated and uncarbonated cement pastes subjected to high temperatures[J]. Composites Part B: Engineering, 2021, 216: 108861.

[130] Li Y Q, Luo Y M, Du H Y, et al. Evolution of microstructural characteristics of carbonated cement pastes subjected to high temperatures evaluated by MIP and SEM[J]. Materials, 2022, 15(17): 6037.

[131] 高健. 荷载与碳化共同作用下混凝土高温抗压力学性能研究[D]. 呼和浩特: 内蒙古工业大学, 2021.

[132] Xuan D X, Zhan B J, Poon C S. Thermal and residual mechanical profile of recycled aggregate concrete prepared with carbonated concrete aggregates after exposure to elevated temperatures[J]. Fire and Materials, 2018, 42(1): 134-142.

[133] Pan B. Digital image correlation for surface deformation measurement: Historical developments, recent advances and future goals[J]. Measurement Science and Technology, 2018, 29(8): 082001.

[134] Xie H M, Kang Y L. Digital image correlation technique[J]. Optics and Lasers in Engineering, 2015, 65: 1-2.

[135] 荣华. 混凝土裂缝扩展过程中断裂过程区的特性研究[D]. 大连: 大连理工大学, 2012.

[136] Alam S Y, Saliba J, Loukili A. Fracture examination in concrete through combined digital image correlation and acoustic emission techniques[J]. Construction and Building Materials, 2014, 69: 232-242.

[137] Hamrat M, Boulekbache B, Chemrouk M, et al. Flexural cracking behavior of normal strength, high strength and high strength fiber concrete beams, using digital image correlation technique[J]. Construction and Building Materials, 2016, 106: 678-692.

[138] Zhang H, Huang G Y, Song H P, et al. Experimental investigation of deformation and failure

mechanisms in rock under indentation by digital image correlation[J]. Engineering Fracture Mechanics, 2012, 96: 667-675.

[139] Boulekbache B, Hamrat M, Chemrouk M, et al. Failure mechanism of fibre reinforced concrete under splitting test using digital image correlation[J]. Materials and Structures, 2015, 48(8): 2713-2726.

[140] 赵燕茹, 邢永明, 黄建永, 等. 数字图像相关方法在纤维混凝土拉拔试验中的应用[J]. 工程力学, 2010, 27(6): 169-175.

[141] Ji K, Gao N, Wang P, et al. Finite element model of concrete repaired by high molecular weight methacrylate(HMWM)[J]. Engineering Structures, 2021, 233: 111860.

[142] Song H P, Zhang H, Fu D, et al. Experimental study on damage evolution of rock under uniform and concentrated loading conditions using digital image correlation[J]. Fatigue & Fracture of Engineering Materials & Structures, 2013, 36(8): 760-768.

[143] Zhang H, Huang G Y, Song H P, et al. Experimental characterization of strain localization in rock[J]. Geophysical Journal International, 2013, 194(3): 1554-1558.

[144] Munoz H, Taheri A. Local damage and progressive localisation in porous sandstone during cyclic loading[J]. Rock Mechanics and Rock Engineering, 2017, 50(12): 3253-3259.

[145] 潘兵, 吴大方, 高镇同, 等. 1200℃高温热环境下全场变形的非接触光学测量方法研究[J]. 强度与环境, 2011, 38(1): 52-59.

[146] 王伟. 数字图像相关方法在热结构材料高温变形测试中的应用[D]. 哈尔滨: 哈尔滨工业大学, 2014.

[147] 陈李. 基于 DIC 的高温材料机械性能测量技术研究[D]. 合肥: 合肥工业大学, 2016.

第 2 章 高温后混凝土抗压性能和抗拉性能

混凝土的抗压性能和抗拉性能是混凝土最基本的力学性能。经历火灾或高温后，混凝土的力学性能衰减，将对建筑结构承载力和使用寿命产生重要影响。本章针对高温后混凝土进行轴心抗压强度试验和轴向拉伸试验，同时使用 DIC 方法测试试件在加载过程中的表面变形场，研究高温对混凝土基本力学性能的影响规律，并分析混凝土表面的裂缝扩展和变形演化规律。

2.1 试 验 概 况

2.1.1 试验原材料

水泥：采用呼和浩特市冀东水泥厂生产的 P.O 42.5 的普通硅酸盐水泥，其物理和力学性能检测报告见表 2.1。拌和水：采用呼和浩特市自来水公司提供的自来水。

表 2.1 水泥的检测报告

细度-80μm 方孔筛余量/%	安定性(试饼法)	标准稠度用水量/%	抗折强度/MPa		抗压强度/MPa	
			3d	28d	3d	28d
1.7	合格	26.9	5.8	8.1	28.9	47.6

细骨料：采用天然水洗河沙，密度为 2650kg/m³。含泥量、含水率符合《普通混凝土用砂、石质量及检验方法标准》(JGJ 52—2006)[1]的要求。由筛分试验得出砂的颗粒级配和细度模数见表 2.2。

表 2.2 砂的颗粒级配和细度模数

筛孔边长/mm	分计筛余		累计筛余百分率/%
	分计筛余量/g	分计筛余百分率/%	
4.75	38.7	7.74	7.74
2.36	57.2	11.44	18.88
1.18	57.1	11.42	30.6
0.60	76.9	15.38	45.98
0.30	158.2	31.64	77.62
0.15	71.7	14.22	91.84
细度模数	2.45		

粗骨料：选用连续级配的碎石，公称粒径为 5～20mm，密度为 2800kg/m³。经筒压试验检测[2]，粗骨料的压碎值为 13.5%，符合《普通混凝土用砂、石质量及检验方法标准》(JGJ 52—2006)[1]规定的用石标准。

本试验所制备的混凝土基准强度等级为 C30，配合比根据《普通混凝土配合比设计规程》(JGJ 55—2011)[3]进行计算，水胶比为 0.5，砂率为 0.35，水泥、水、砂子和石子分别为 410kg/m³、205kg/m³、624.75kg/m³ 和 1160.25kg/m³。

2.1.2　试件制备

根据《混凝土物理力学性能试验方法标准》(GB/T 50081—2019)[4]的规定，用于轴心抗压强度试验的棱柱体试件尺寸为 300mm×100mm×100mm；用于轴向拉伸试验的变截面哑铃型试件尺寸为 600mm×196mm×100mm，中间截面尺寸为 100mm×100mm，试件尺寸示意图如图 2.1 所示。

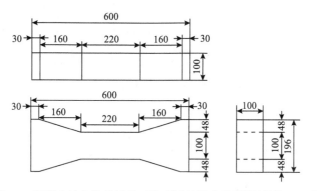

图 2.1　混凝土轴向拉伸试验哑铃型试件尺寸示意图(单位：mm)

试件制作过程如下：①在试模内部涂抹脱模剂，降低试件脱模难度。②混凝土搅拌机在使用前需用一定比例的水泥、粗骨料、细骨料和自来水，在内部搅拌 2～3min，润湿搅拌机内壁后将内部拌和料取出。③将称量好的细骨料、粗骨料、水泥按顺序投入搅拌机，先干拌 3min，再加水湿拌 5min。④搅拌完毕的混凝土装入试模，使用振捣台振捣，保证混凝土与试模表面紧密贴合后，抹平表面。⑤静置 24h 后拆模，送入标准养护室养护 28d。

2.1.3　试验方法

1. 高温试验

高温试验设备采用山东路达试验仪器有限公司生产的 GW-1000 高温箱，如图 2.2 所示，内腔尺寸 550mm×300mm×500mm，最高温度可达 1000℃，额定功率 30kW。高温试验设定五个目标温度：20℃、200℃、400℃、600℃、800℃。升温制度依据 ISO-834 标准火灾升温曲线（式（2.1））进行。当达到目标温度后恒温 120min，随后自然冷却到室温。

$$T - T_0 = 345\lg(8t + 1) \tag{2.1}$$

式中：T_0 为试验开始时刻的温度，℃；T 为试验中 t 时刻的温度，℃；t 为试验时间，min。

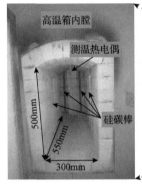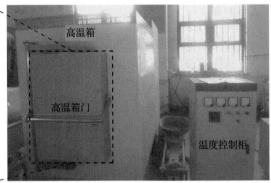

图 2.2 GW-1000 混凝土高温试验箱

需要注意，混凝土拉伸试件在放入高温箱之前，需将哑铃型试件两端用石棉包裹，如图 2.3 所示。这样做的目的是减轻试件两端的受热程度，确保在进行轴向拉伸试验时，试件更易从中间位置处断开，保证试验顺利进行。

2. 混凝土轴心抗压强度试验

混凝土轴心抗压强度试验设备采用长春材料试验机有限公司生产的微型控制电液伺服万能试验机，其最大试验力为 2000kN，试验参照《混凝土物理力学性能试验方法标准》（GB/T 50081—2019）[4]规定，加载过程均采用位移控制，加载速率为 0.05mm/min，如图 2.4 所示。

根据规范《混凝土物理力学性能试验方法标准》（GB/T 50081—2019）[4]，轴心抗压强度采用式（2.2）计算，由于本试验采用的是非标准试件，最终计算结果需乘以折算系数 0.95。

$$f_c = \frac{F}{A} \tag{2.2}$$

式中：f_c 为混凝土轴心抗压强度，MPa；F 为试件破坏荷载，N；A 为试件承压面积，mm^2。

采用应变片和 DIC 两种方法测试混凝土试件在压缩破坏过程的应变。将测得

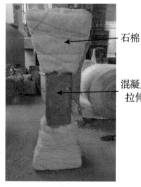

图 2.3　高温试验前混凝土轴向拉伸试件　　图 2.4　高温后混凝土轴心抗压强度试验

的压缩应变数值与压力机测得的荷载数据结合，从而获得混凝土的压缩应力-应变关系曲线。应变片测试的具体方法如下：

在棱柱体试件相对的两个侧面上，沿竖向中线各粘贴一个长度为 100mm 的应变片，用于测试轴向应变，如图 2.5(b)中(2)和(4)所示；在棱柱体试件的背面，沿着水平中线粘贴一个长度为 50mm 的应变片，用于测试横向应变，如图 2.5(b)中(1)所示。应变片用电阻值为(120±0.5)Ω，灵敏系数为(2.11±1)%。

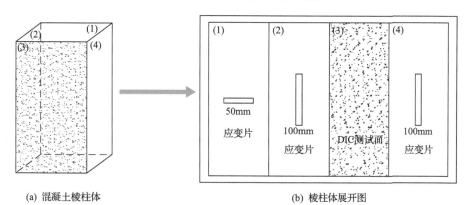

(a) 混凝土棱柱体　　　　　　(b) 棱柱体展开图

图 2.5　应变片布置图

3. 混凝土轴向拉伸试验

混凝土轴向拉伸试验设备采用 TLS 系列电液伺服拉压试验机进行，如图 2.6

所示。轴向拉伸试验中，首先将专用的混凝土拉伸试验夹具安装在试验机上，再将混凝土试件置于夹具之上并用夹具固定，如图 2.6 所示。加载方式参照《混凝土物理力学性能试验方法标准》（GB/T 50081—2019）[4]，加载方式采用位移控制，加载速率为 0.1mm/min。

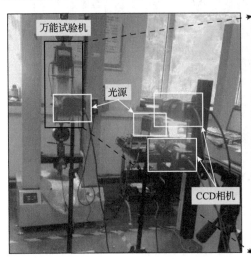 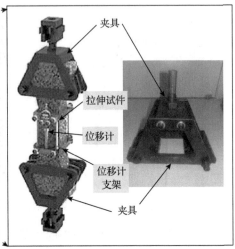

图 2.6　混凝土轴向拉伸试验和试验夹具

根据规范《混凝土物理力学性能试验方法标准》（GB/T 50081—2019）[4]，轴向抗拉强度采用式(2.3)计算。

$$f_\mathrm{t} = \frac{F}{A} \tag{2.3}$$

式中：f_t 为混凝土轴向抗拉强度，MPa；F 为试件破坏荷载，N；A 为试件承压面积，mm²。

采用位移计和 DIC 两种方法测试混凝土试件在拉伸破坏过程的应变。将测得的拉伸应变数值与压力机测得的荷载数据结合，从而获得混凝土的拉伸应力-应变关系曲线。位移计测试的具体方法如下：

首先将位移计支架安装于试件中部位置，并在两侧分别固定 YHD-300 型位移计，如图 2.6 所示，通过 DH5929 型动态应变仪记录相应的位移数据。

4. DIC 方法

DIC 是一种基于计算机视觉原理和数字图像处理技术的非接触式变形测量方法。它可以应用于固体材料和结构表面的位移、变形以及形貌的测量[5]。

DIC 方法的基本原理：通过对比分析不同状态下试件表面的散斑特征追踪表面各点的运动，进而获得物体表面的变形信息。首先，将拍摄到的试件表面的散斑图像转化为灰度图像并划分若干子区。试件变形前的子区称为参考子区，其灰度信息用函数 $f(x,y)$ 表示，如图 2.7 所示。当试件发生变形后，通过预先定义的相关函数在变形后的灰度图像中搜索与参考子区灰度特征相似度最高的区域，并把该区域称为目标子区，其灰度值函数记作 $g(x',y')$，如图 2.7 所示[6]。

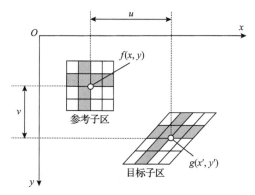

图 2.7　变形前后图像子区示意图

相似度相关函数是判断参考子区和目标子区相似程度的依据，是 DIC 方法的基础。相关函数需选用操作简单、运算量小且抗干扰性好的函数。常用的是标准化协方差互相关函数[5]：

$$C(p) = \frac{\sum \left[f(x,y) - f_{\mathrm{m}} \right]\left[g(x',y') - g_{\mathrm{m}} \right]}{\sqrt{\sum \left[f(x,y) - f_{\mathrm{m}} \right]^2} \sqrt{\sum \left[g(x',y') - g_{\mathrm{m}} \right]^2}} \tag{2.4}$$

式中：f_{m} 为参考子区的灰度平均值；g_{m} 为目标子区的灰度平均值；p 为描述变形前后图像子区位置和形状变化的变形参数矢量。

当参考子区和目标子区完成匹配后，变形前后试件表面任意位置的对应坐标 (x,y) 和 (x',y') 之间的关系可表示为[7]

$$\begin{cases} x' = x + u + \dfrac{\partial u}{\partial x}\Delta x + \dfrac{\partial u}{\partial y}\Delta y \\[2mm] y' = y + v + \dfrac{\partial v}{\partial x}\Delta x + \dfrac{\partial v}{\partial y}\Delta y \end{cases} \tag{2.5}$$

式中：u 为子区中心位置处在 x 方向的位移；v 为子区中心位置处在 y 方向的位移；Δx 为子区中心到任意特定位置 (x,y) 处在 x 方向的距离；Δy 为子区中心到任意特定位置 (x,y) 处在 y 方向的距离。

当试件发生变形后，试件表面特定位置处坐标的变化就是该点的位移。因此，通过追踪参考子区和目标子区中对应各点坐标的变化，即可获得试件表面的位移

场。最后，对各点的位移值进行平滑处理，再通过差分方法计算各点的应变值，其应变计算公式为[8]

$$\varepsilon_{xx} = \frac{\partial u}{\partial x}, \quad \varepsilon_{yy} = \frac{\partial v}{\partial y}, \quad \varepsilon_{xy} = \frac{1}{2}\left(\frac{\partial u}{\partial y} + \frac{\partial v}{\partial x}\right) \tag{2.6}$$

式中：ε_{xx} 为沿 x 轴方向的线应变；ε_{yy} 为沿 y 轴方向的线应变；ε_{xy} 为剪切应变。

DIC 设备的主要部件共有五部分：CCD 相机、光源、图像分析软件、标定板和散斑制作工具，如图 2.8 所示。试验过程为：①试验前对 DIC 的观测和分析区域进行散斑制作，也就是在试件表面制作大小合适、对比度明显（黑白相间）且随机分布的斑点状图案，目的是获得具有良好灰度特征的照片，便于后期匹配计算。②调整相机与被测试件的相对位置后，使用标定板对拍摄空间进行坐标标定，以便确定被测试件的位置和尺寸。③试验中，采用 CCD 相机实时拍摄试件表面的加载变形过程。④试验结束后，采用图像分析软件对拍摄的照片进行分析和计算，得到被测试件的位移和应变场数据。

本章轴心抗压强度试验、轴向拉伸试验、抗折强度试验中 DIC 试验流程如图 2.9 所示。使用美国 Correlated Solutions 公司生产的 VIC-3D8 非接触全场应变测量系统，测试混凝土表面的位移场和应变场。DIC 设备的 CCD 相机镜头最大分辨率为 1624(H)×1224(V) 像素，最大帧数为 30FPS（帧/s），应变精度 ≤50×10^{-6}。试验前在棱柱体试件侧面用哑光黑漆进行制斑，棱柱体侧面如图 2.5(b) 中 (3) 所示。

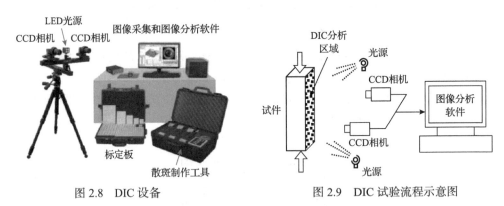

图 2.8　DIC 设备　　　　　　　图 2.9　DIC 试验流程示意图

2.2　高温后混凝土轴心抗压强度试验和轴向拉伸试验研究

2.2.1　混凝土表观形貌

受温度影响，高温后混凝土会发生不同程度的损伤劣化，这种变化反映到试件表面,使混凝土试件的表面形貌产生变化,如图 2.10 所示。当温度为 200℃时,混凝土试件表面光滑,没有肉眼可见的裂缝,代表其基体损伤劣化程度很小。400℃时,混凝土试件的表面出现了少量非常细小的微裂缝,表明损伤程度较 200℃时有所加深。600℃时,混凝土的试件表面出现了清晰可见呈鳞片状分布的裂缝,表明混凝土损伤已经较为严重,并且其表面从青灰色变为白灰色,表明其内部自由水及化学结合水大部分蒸发,从而导致表面膨胀开裂,并且骨料出现了一定程度的分解。800℃时,混凝土的试件表面出现了较粗呈鳞片状分布的裂缝,并且表面出现了一定的程度的剥落,表明混凝土严重损伤,而试件的白灰色也更加明显,表明其内部自由水及化学结合水已经几乎完全蒸发,骨料分解严重。

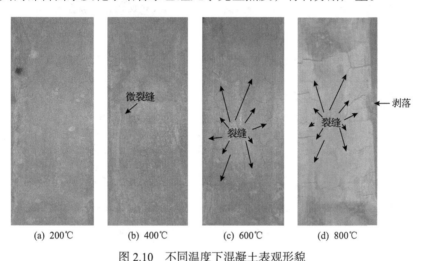

(a) 200℃　　　(b) 400℃　　　(c) 600℃　　　(d) 800℃

图 2.10　不同温度下混凝土表观形貌

2.2.2　轴心压缩应力-应变曲线和轴向拉伸应力-应变曲线

图 2.11(a)为采用 DIC 方法与位移计同时测量的混凝土轴向拉伸应力-应变曲线,图 2.11(b)为该应力-应变曲线 A 区局部放大图。由图可知,DIC 方法与位移计采集的数据偏差较小,表明 DIC 方法具有较好的测试精度。

如图 2.11(a)所示,在 20℃和 200℃高温后,混凝土在受拉伸荷载时,其应力-应变曲线的上升段近似呈线性增长,非线性增长不明显,故可将其上升段视为弹性受力变形,称为弹性阶段,峰后应力下降的阶段称为塑性软化阶段。因此,20℃和 200℃混凝土的受力变形阶段可分为弹性阶段、塑性软化阶段,可简化如图 2.12(a)所示。

由 400~800℃后混凝土拉伸应力-应变曲线以及图 2.11(d)可知,混凝土轴心压缩应力-应变曲线和 400~800℃轴向拉伸应力-应变曲线包含线性增长阶段、非线性增长阶段和非线性下降阶段,分别对应混凝土压缩过程的弹性阶段、塑性硬化阶段和塑性软化阶段，故压缩应力-应变曲线可简化为三个阶段，如图 2.12(b)所示。

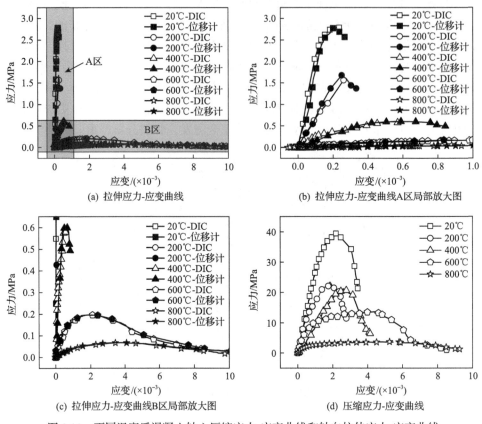

(a) 拉伸应力-应变曲线

(b) 拉伸应力-应变曲线A区局部放大图

(c) 拉伸应力-应变曲线B区局部放大图

(d) 压缩应力-应变曲线

图 2.11　不同温度后混凝土轴心压缩应力-应变曲线和轴向拉伸应力-应变曲线

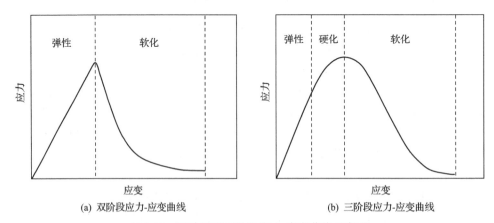

(a) 双阶段应力-应变曲线

(b) 三阶段应力-应变曲线

图 2.12　双阶段和三阶段应力-应变曲线示意图

混凝土的弹性阶段应力-应变曲线呈线性增长，塑性硬化阶段呈非线性增长，峰值后的塑性软化为非线性下降。对于弹性阶段，变形可看作可逆的。随着温度升高，混凝土弹性阶段在上升段所占比例逐渐减小：在 200～400℃时，减少速度较为缓慢；400℃后，迅速减小，直到 800℃时几乎观测不到弹性阶段。对于塑性硬化阶段，变形为不可逆的，说明混凝土结构已经受到荷载的损伤，弹性阶段收缩意味着塑性硬化阶段在上升段所占比例增加，400℃前增加较为缓慢，400℃后迅速增加。这表示随着温度的升高，混凝土材料受高温影响，逐渐变得更易被荷载损伤。而对于峰值后的塑性软化阶段，随着温度的升高，混凝土的延性逐渐增加：在 200～400℃时增加缓慢，600～800℃增加迅速。这说明受高温影响，随着温度的升高，混凝土的内部结构受高温影响，损伤也在不断累加，致使混凝土由致密向疏松转变。

2.2.3　轴心抗压强度和轴向抗拉强度

图 2.13 给出了不同温度下混凝土轴心抗压强度和轴向抗拉强度。由图可知，混凝土试件的轴心抗压强度和轴向抗拉强度随温度升高呈下降趋势。20～600℃时，混凝土抗拉强度衰减较快，600～800℃时衰减较慢，而其抗压强度的衰减几乎呈线性下降。混凝土受高温影响，其强度衰减原因大致可分为四种。

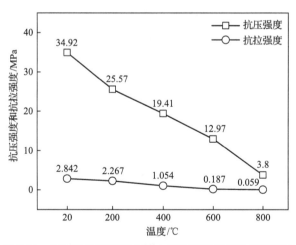

图 2.13　不同温度下混凝土轴心抗压强度和轴向抗拉强度

（1）混凝土受热膨胀过程中产生的热应力导致混凝土内部微裂缝数量增多[9]，减小了混凝土有效受力面积，致使混凝土强度衰减。

（2）105～400℃时，混凝土内部自由水及化学结合水蒸发[10]，导致混凝土内部出现微裂缝与孔洞，随着温度升高，微裂缝逐渐增加，在混凝土受力时出现应力集中现象，致使混凝土强度衰减。

（3）在 560℃时，混凝土内部 C-S-H 凝胶出现分解现象[11]，使混凝土内部基体与骨料之间黏结性能下降，导致混凝土强度衰减。

（4）600～800℃时，混凝土的骨料出现分解现象[12]，使混凝土骨料的支撑作用迅速丧失，导致混凝土强度迅速下降。

混凝土拉伸破坏主要为基体与骨料之间的断裂破坏[13]，这种破坏与混凝土应力集中和基体与骨料的黏结相关。因此，混凝土抗拉强度的衰减原因主要为上述原因（1）～（3），原因（4）影响较小，故混凝土常温至 600℃时，其抗拉强度衰减较快，800℃时衰减较慢。而混凝土受压缩荷载时，其破坏形态主要为压碎破坏[13]，混凝土抗压强度的衰减主要为原因（1）～（4），故混凝土的抗压强度的衰减几乎呈线性下降。

2.2.4　抗压弹性模量和抗拉弹性模量

混凝土的弹性模量作为其重要力学指标之一，具有表征混凝土弹性变形难易程度的作用[14]。通常可在其应力-应变曲线上，取峰值应力 1/3 处的割线作为混凝土的抗压弹性模量和抗拉弹性模量[15]。

图 2.14 给出了不同温度下混凝土弹性模量的变化规律。由图可知，混凝土弹性模量随温度升高而降低，表明混凝土受高温影响，内部结构发生一系列物理化学反应（见 2.2.3 节），导致混凝土微裂缝数量逐渐增多，结构由致密向松散转变，使得强度降低，变形增加，弹性模量降低。

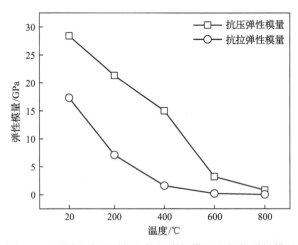

图 2.14　不同温度下混凝土抗压弹性模量和抗拉弹性模量

2.2.5 轴心抗压峰值应变和轴向抗拉峰值应变

图 2.15 给出了高温后混凝土轴心抗压峰值应变和轴向抗拉峰值应变随温度的变化规律。由图可知，混凝土轴向抗拉峰值应变分为三个阶段：20～400℃时，峰值应变增长较为缓慢；400～600℃时，轴向抗拉峰值应变迅速增长；600～800℃时，增长速度减缓。而混凝土轴心抗压峰值应变分为两阶段：20～400℃时增长较缓，400～800℃时增长迅速。混凝土峰值应变受高温影响而增长的原因大致可分为两种。

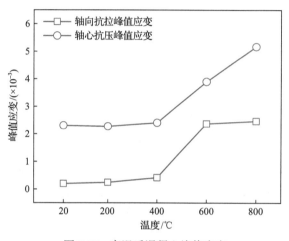

图 2.15　高温后混凝土峰值应变

(1) 随着温度升高，混凝土内部微裂缝与孔洞数量逐渐增加 (原因见 2.2.3 节)，使混凝土的内部结构开始逐渐由致密向松散转变，混凝土的刚性降低，延性增加，导致混凝土峰值应变增长。

(2) 混凝土的骨料与基体在受压缩荷载时，具有抵抗变形的作用，而受高温影响，骨料与基体发生分解，导致其在峰值时发生更大的变形。

其中混凝土轴向抗拉峰值应变增长主要是因为上述原因 (1)。200～400℃高温后，微裂缝、孔洞数量增加较为缓慢，混凝土结构由致密向松散转变速度较缓，所以峰值应变变化较小；400～600℃时，微裂缝、孔洞迅速增加，导致混凝土结构由致密向松散转变的速度增加，所以此时混凝土峰值应变迅速增加。而之后 800℃时的骨料与基体分解，对于拉伸变形影响作用较小，所以此时峰值应变增长较少。

混凝土轴心抗压峰值应变增长主要是因为原因 (1)(2)，所以在 200～400℃高温后，峰值应变增长缓慢；600～800℃高温后，峰值应变迅速增长。

2.3　基于 DIC 方法的高温后混凝土轴心压缩和轴向拉伸变形分析

2.3.1　轴心压缩变形

图 2.16 呈现了常温下混凝土受轴心压缩荷载时其表面水平应变分布云图变化规律。由图可知，在常温下，混凝土应变分布云图变化可分为应变集中区的萌生、扩展和贯通三个阶段。其中，萌生与扩展发生在应力-应变曲线上升段，分别在 81.4%f_c(A 点)与 88.1%f_c(B 点)处发生(f_c 为抗压强度)。当应力增大并达到峰值(C 点)时，应变集中区进一步向上扩展，且应变值进一步增大。应变集中区贯通并且出现宏观裂缝是在峰值后应力下降到 57.9%f_c 时(D 点)，混凝土应变集中区贯通试件后，试件迅速压碎破坏。

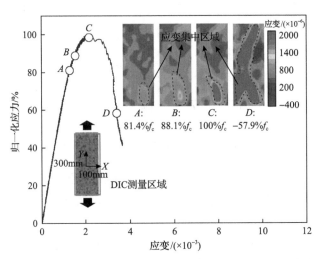

图 2.16　常温下混凝土受轴心压缩荷载时其表面水平应变分布云图
正值表示峰值前应力，负值表示峰值后应力

表 2.3 呈现了混凝土在不同高温作用后其水平应变分布云图的演化规律。由表可知，随着温度的升高，压缩应变分布云图中应变集中区的萌生、扩展、贯通三个阶段所需应力水平的变化规律与拉伸应变云图相似，随着温度的升高，应变集中区的萌生、扩展阶段所需的应力水平相较常温不断下降，贯通阶段所需应力水平较常温不断上升。

表 2.3　高温后混凝土压缩水平应变分布云图变化规律

温度/℃	标尺	应变集中区萌生	应变集中区扩展	峰值应力处	宏观裂缝贯通	破坏时表观形貌
200	应变/(×10⁻⁶) 2500 1750 1000 250 −500	65.5%f_c	84.3%f_c	100%f_c	−72.9%f_c	−72.9%f_c
400	应变/(×10⁻⁶) 3000 2100 1200 300 −600	60.1%f_c	75.1%f_c	100%f_c	−92.2%f_c	−92.2%f_c
600	应变/(×10⁻⁶) 4000 2800 1600 400 −800	37.1%f_c	47.8%f_c	100%f_c	−97.8%f_c	−97.8%f_c
800	应变/(×10⁻⁶) 14000 9800 5600 1400 −2800	13.9%f_c	29.1%f_c	100%f_c	−99.1%f_c	−99.1%f_c

注：正值表示峰值前应力，负值表示峰值后应力。

当温度为 200～600℃时，在峰值应力以后，混凝土应变分布云图出现裂缝贯通试件的现象，最终在试件表面呈现贯通型竖直、倾斜裂缝，之后试件迅速压碎破坏。随着温度的升高，裂缝的数量也在增加。当温度为 800℃时，混凝土应变分布云图显示，在裂缝未贯通试件前，试件表面已经布满了大量的裂缝，导致其迅速压碎破坏。这是因为混凝土在 200～600℃时，骨料与基体仍然具有支撑作用，只有在出现贯通型裂缝时，骨料与基体的支撑作用被削弱，试件才会被压碎破坏。800℃后骨料与基体分解严重，支撑作用出现严重衰减，所以在未出现贯通型裂缝前，试件便会压碎破坏。

与混凝土拉伸破坏相比，混凝土在常温至 800℃高温后，受拉伸荷载时，试件会在一条主裂缝处断裂破坏，随着温度的升高破坏形态逐渐由脆性转为延性，但是混凝土受压缩荷载时，试件表面会出现多条主裂缝，最终压碎破坏，一直呈现为延性破坏，随着温度升高，延性不断地增强。

2.3.2 轴向拉伸变形

当混凝土试件受轴向拉伸荷载作用时，其表面发生拉伸变形，局部区域会逐渐出现应变集中增大的现象，随着荷载的增大，这些区域首先出现开裂。通过 DIC 方法对试件表面的全场应变进行实时观测，分析混凝土在受拉过程中裂缝的萌生、发展到贯通的全过程。

图 2.17 呈现了常温下混凝土在拉伸荷载作用时竖向(Y 轴方向)应变分布云图的变化规律。由图可见，随着荷载增大，当拉伸应力达到 83.5%f_t 时(A 点)(f_t 为抗拉强度)，试件 DIC 测试区域中心边缘处萌生拉伸应变集中区，表明试件在该处

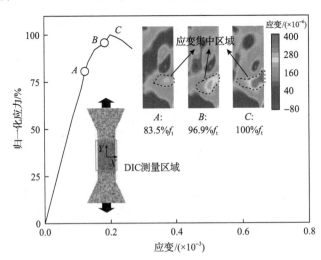

图 2.17　常温下混凝土在拉伸荷载作用时竖向(Y 轴方向)应变分布云图的变化规律
(彩图请扫封底二维码)

萌生了微裂缝[16]，此时微裂缝随着应力增大发展缓慢。当拉伸应力处于 96.9%f_t时(B 点)，拉伸应变集中区域面积增大，并且颜色由淡黄色转为橙色，表面裂缝发生了进一步扩展。最后，当拉伸应力达到峰值应力 f_t(C 点)时，拉伸应变集中区扩展到试件宽度的一半，尚未贯通，颜色由橙色变为红色，变形增大，此时试件迅速开裂破坏。DIC 设备没有采集到应变集中区完全贯通试件时的应变场数据，这是因为在常温条件下，试件的拉伸破坏呈明显的脆性特征，应变集中区完全贯通试件的过程是突然发生的，且时间非常短暂。

　　为探究高温后混凝土拉伸破坏过程的变形演化规律，不同温度下混凝土拉伸竖向应变分布云图对比见表 2.4。由表可知，随着温度升高，裂缝萌生及扩展阶段所需的应力水平相较常温时不断下降，说明局部应变集中区萌生和扩展的时间越来越早。在 200～400℃时，下降幅度较小；在 600～800℃时，下降幅度迅速增加。混凝土受拉伸荷载，其表面竖向应变出现局部增大的现象，代表混凝土内部较薄弱部位在荷载作用下率先出现了局部损伤。对拉伸破坏而言，这种损伤主要作用于骨料与基体界面之间，随着变形的增加，直至贯通后试件断裂破坏。而当混凝土受高温作用后，骨料与基体界面出现高温损伤(见 2.2.3 节)，这使混凝土界面间更易受到拉伸荷载破坏，所以随着温度的升高，出现局部应变集中区时所需的应力水平更低。

表 2.4　不同温度下混凝土拉伸竖向应变分布云图对比

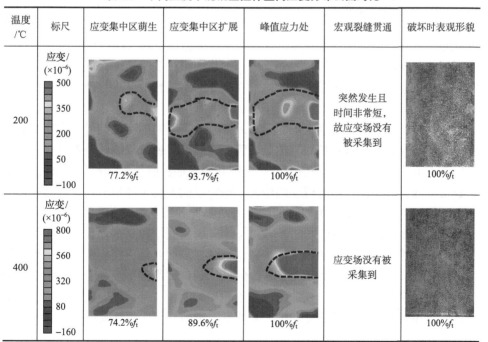

温度/℃	标尺	应变集中区萌生	应变集中区扩展	峰值应力处	宏观裂缝贯通	破坏时表观形貌
200	应变/(×10⁻⁶) 500 350 200 50 −100	77.2%f_t	93.7%f_t	100%f_t	突然发生且时间非常短，故应变场没有被采集到	100%f_t
400	应变/(×10⁻⁶) 800 560 320 80 −160	74.2%f_t	89.6%f_t	100%f_t	应变场没有被采集到	100%f_t

续表

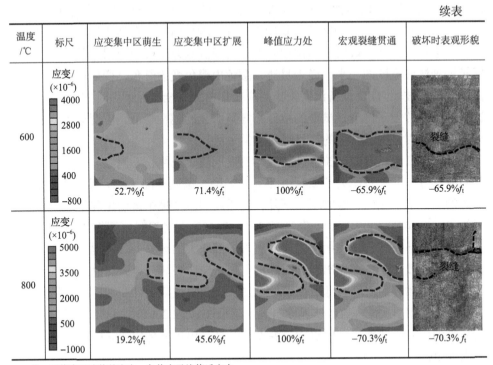

温度/℃	标尺	应变集中区萌生	应变集中区扩展	峰值应力处	宏观裂缝贯通	破坏时表观形貌
600	应变/(×10⁻⁶) 4000 2800 1600 400 −800	52.7%f_t	71.4%f_t	100%f_t	−65.9%f_t	裂缝 −65.9%f_t
800	应变/(×10⁻⁶) 5000 3500 2000 500 −1000	19.2%f_t	45.6%f_t	100%f_t	−70.3%f_t	裂缝 −70.3%f_t

注：正值表示峰值前应力，负值表示峰值后应力。

在 200～400℃高温下，混凝土应变分布云图变化规律与常温环境相似，可将其视为仅有应变集中区萌生与扩展两个阶段，在达到峰值后，应变集中区尚未出现贯通现象时，便迅速断裂破坏，这是由于断裂速度过快，DIC 设备无法捕捉到宏观裂缝出现。因为在此时，混凝土内部损伤较小，混凝土还保留着较为良好的刚性，故在加载过程中积攒的大量能量在破坏时迅速释放，导致破坏速度过快，呈现脆性破坏特征。

在 600℃高温后，混凝土应变分布云图呈现了不同的变化趋势。在应变分布云图中局部应变集中区在扩展并达至峰值应力后的贯通现象能够被观察到。由峰值后应力下降到 65.9%f_t 时的应变分布云图和表观形貌照片可以看出，试件出现了肉眼可见的裂缝，此后随着应变的增大，该裂缝的宽度不断地增大，最终在该处断裂破坏。800℃高温后，混凝土的试件表面萌生多处应变集中区，随着应力的增大而不断扩展，到应力峰值处显著增大。当应力下降到 70.3%f_t 时，右侧应变集中区出现明显的裂缝，随着该裂缝的扩展，在试件表面其他应变集中区也出现了裂缝，最终在贯通裂缝处发生断裂破坏。在 600～800℃高温下混凝土内部结构损伤严重，所以刚性衰减严重，在加载过程中积攒的能量一部分随着损伤的增加而流失，所以在破坏时释放的能量较少，破坏形态由脆性转向延性破坏。

参 考 文 献

[1] 中华人民共和国建设部. JGJ 52—2006　普通混凝土用砂、石质量及检验方法标准[S]. 北京: 中国建筑工业出版社, 2006.

[2] 国家市场监督管理总局, 国家标准化管理委员会. GB/T 14685—2022　建设用卵石、碎石[S]. 北京: 中国标准出版社, 2011.

[3] 中华人民共和国住房和城乡建设部. JGJ 55—2011　普通混凝土配合比设计规程[S]. 北京: 中国建筑工业出版社, 2011.

[4] 中华人民共和国住房和城乡建设部, 国家市场监督管理总局. GB/T 50081—2019　混凝土物理力学性能试验方法标准[S]. 北京: 中国建筑工业出版社, 2019.

[5] Pan B. Digital image correlation for surface deformation measurement: Historical developments, recent advances and future goals[J]. Measurement Science and Technology, 2018, 29(8): 082001.

[6] 王怀文, 亢一澜, 谢和平. 数字散斑相关方法与应用研究进展[J]. 力学进展, 2005, 35(2): 195-203.

[7] Zhang H, Huang G Y, Song H P, et al. Experimental investigation of deformation and failure mechanisms in rock under indentation by digital image correlation[J]. Engineering Fracture Mechanics, 2012, 96: 667-675.

[8] Huang Y J, He X J, Wang Q, et al. Deformation field and crack analyses of concrete using digital image correlation method[J]. Frontiers of Structural and Civil Engineering, 2019, 13(5): 1183-1199.

[9] 郝松. 持荷高温作用后玄武岩纤维混凝土力学性能研究[D]. 呼和浩特: 内蒙古工业大学, 2018.

[10] Feldman R F, Ramachandran V S. Differentiation of interlayer and adsorbed water in hydrated Portland cement by thermal analysis[J]. Cement and Concrete Research, 1971, 1(6): 607-620.

[11] Fu Y F, Wong Y L, Poon C S, et al. Experimental study of micro/macro crack development and stress-strain relations of cement-based composite materials at elevated temperatures[J]. Cement and Concrete Research, 2004, 34(5): 789-797.

[12] Schneider U, Diederichs U, Ehm C. Effect of temperature on steel and concrete for PCRV's[J]. Nuclear Engineering and Design, 1982, 67(2): 245-258.

[13] 吴建营, 李杰. 混凝土弹塑性损伤本构关系统一模型[J]. 建筑科学与工程学报, 2005, 22(4): 15-21.

[14] 郭学兵. C55 混凝土弹性模量和轴心抗压强度增长规律对比试验研究[C]//2020 年工业建筑学术交流会论文集(上). 北京: 工业建筑杂志社, 2020: 246-248.

[15] 李妍, 张有明, 王统辉. 不同冷却方式下高温(火灾)后混凝土弹性模量与劈拉强度的试验

研究[C]//第 27 届全国结构工程学术会议论文集(第 I 册). 西安:《工程力学》杂志社, 2018: 327-331.

[16] 项胜. 基于数字图像相关方法的高温后混凝土力学性能试验研究[D]. 荆州: 长江大学, 2020.

第3章 高温后混凝土抗弯性能

抗弯性能是混凝土最重要的力学性能之一。混凝土抗弯性能不仅是指混凝土在弯曲荷载作用下所能承受的最大弯曲应力，还包括在弯曲过程中所发生的弯曲变形和开裂演化规律。本章通过对高温后混凝土进行三点弯曲试验，研究混凝土抗折强度随温度的变化规律，并将 DIC 方法与混凝土抗折强度试验相结合，首次实时观测高温后混凝土弯曲损伤破坏过程的变形场，并对变形数据进行统计分析，表征高温后混凝土弯曲损伤破坏性能，探讨温度对混凝土损伤破坏的影响规律。

3.1 试验概况

3.1.1 试验材料

本章所用试验原材料、配合比同第 2 章。

3.1.2 试验方法

本章主要进行高温后混凝土抗弯性能研究。参照我国现行规范《混凝土物理力学性能试验方法标准》（GB/T 50081—2019）[1]中的规定，采用尺寸为 100mm×100mm×400mm 的棱柱体作为抗弯试件。

高温试验设定五种目标温度，分别是 20℃、200℃、400℃、600℃、800℃。高温试验的升温过程和加热设备详见 2.1.3 节。

混凝土三点弯曲试验设备采用计算机控制电液伺服万能试验机，加载及支撑位置如图 3.1 所示，加载速率为 120N/s，试件破坏后，当力降至 0.05kN 时停止试验。混凝土抗折强度按照《水泥胶砂强度检验方法（ISO 法）》（GB/T 17671—2021）[2]规定，按式（3.1）计算：

$$f_b = \frac{1.5Fl}{b^3} \tag{3.1}$$

式中：f_b 为抗折强度，MPa；F 为试件被破坏时可承受的最大荷载，N；l 为试件下部支撑之间的距离，本试验为 300mm；b 为棱柱体正方形截面的边长，本试验为 100mm。

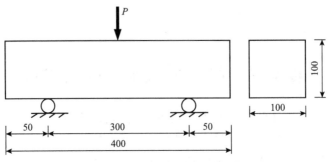

图 3.1　三点弯曲试验示意图(单位：mm)

在弯曲试验过程中，采用 DIC 方法对高温后混凝土试件弯曲损伤破坏过程的位移和应变进行实时记录，分析其演化特征。DIC 方法的基本原理和试验设备，详见 2.1.3 节中的 DIC 方法。

3.2　高温后混凝土抗弯力学性能

3.2.1　试件质量损失

高温后混凝土抗弯试件质量损失率(不同温度损失质量/常温质量)如图 3.2 所示。由图可知，抗弯试件的质量损失率随温度的升高近似呈线性上升，到 800℃时质量损失达到最大。在 20~400℃时，质量损失率的上升速度相对较快，此时的质量损失主要来自混凝土中游离水的蒸发；温度从 400℃升高到 800℃的过程中，质量损失的上升速率相对缓慢，此时混凝土中的部分胶凝材料开始脱水分解；当温度达到 800℃时，主要是混凝土内部 C-S-H 凝胶和 Ca(OH)$_2$ 等水化产物完全

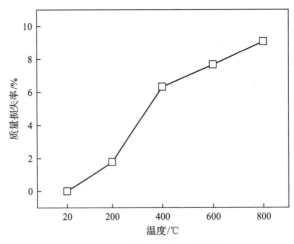

图 3.2　高温后抗弯试件质量损失率

脱水，此时混凝土基本失去承载能力。

3.2.2　抗折强度

混凝土抗折强度随温度的变化规律如图 3.3 所示。由图可知，混凝土抗折强度随温度的升高而逐渐降低，当温度为 200℃时，抗折强度的下降幅度相对较小；当温度达到 400℃时，抗折强度出现大幅下降；当温度为 600～800℃时，该下降趋势又有所减缓。

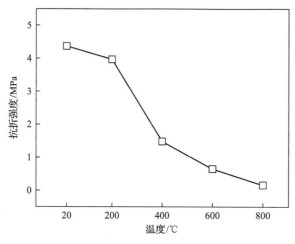

图 3.3　混凝土抗折强度随温度的变化规律

混凝土抗折强度变化规律不同于抗压强度，是因为在温度达到 400℃时，虽然游离水的蒸发和水泥颗粒的二次水化使混凝土内部结构更加致密，但也使水泥基体变脆，提高了其对裂缝的敏感度，所以混凝土内部的微裂缝在有拉应力存在的弯曲破坏过程更容易扩展，同时裂缝的存在还减小了试件抵抗应力的有效截面面积，因此在这一温度阶段抗折强度会出现迅速下降。当温度进一步增加（600℃和 800℃）时，混凝土内部结构逐渐疏松劣化，此时基体对裂缝已不敏感，但是由于高温损伤严重，其抗折强度仍在下降，只是下降速率变缓。

3.2.3　弯曲损伤破坏过程裂缝扩展特性

混凝土开裂对于混凝土构件的承载力和耐久性具有重要影响，同时裂缝宽度是衡量混凝土构件满足使用性能的重要指标。因此，对混凝土而言，开裂和裂缝的控制十分重要。混凝土开裂是一个复杂的过程，与多种因素有关，如基体抗拉强度和骨料类型等[3]。裂缝的扩展需要克服这些材料的阻裂作用，而这些材料决定了混凝土抵抗裂缝扩展的能力。使用 DIC 方法对高温后混凝土抗弯试件弯曲损伤破坏过程进行实时拍摄，观测其裂缝扩展形态，并测量其裂缝宽度，研究高温对混凝土开裂过程的影响规律。

为确定裂缝宽度，本节在抗弯试件水平位移 U 云图中主裂缝底端分别取两点 A 和 B，且这两点分别位于主裂缝两侧，如图 3.4 所示，则 A 和 B 两点的水平位移之差即为主裂缝宽度。

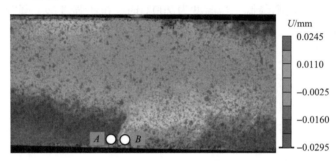

图 3.4　确定主裂缝时 A 点和 B 点位置

1. 温度对裂缝宽度的影响

图 3.5 给出了不同温度后混凝土抗弯试件的荷载-裂缝宽度曲线。由图可知，荷载-裂缝宽度曲线随温度的变化差别较大。温度为 20℃时，荷载-裂缝宽度曲线几乎直线上升，斜率最大，此时裂缝宽度扩展速率很小，当达到荷载极值时，有一个短暂的平台期，试件即破坏，破坏时的临界裂缝宽度最小，约为 0.143mm。随着温度的升高，荷载-裂缝宽度曲线上升的斜率逐渐降低，裂缝宽度扩展逐渐加快，荷载极值逐渐减小，曲线的平台期过渡平滑且逐渐延长，200℃、400℃和 600℃的临界裂缝宽度分别为 0.0369mm、0.0503mm 和 0.104mm。这说明高温使混凝土

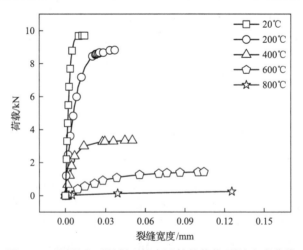

图 3.5　不同温度后混凝土抗弯试件的荷载-裂缝宽度曲线

内部损伤加剧，同时也使试件弯曲损伤破坏时的变形增大。当温度达到 800℃时，荷载-裂缝宽度曲线逐渐趋于水平，微小荷载作用下裂缝宽度即迅速增大，达到破坏，此时由于高温损伤严重，试件基本失去承载能力。

2. 临界裂缝宽度随温度的变化规律

在弯曲损伤破坏过程中，试件破坏时的临界裂缝宽度可以在一定程度上反映材料的抗裂能力，因此将不同温度后混凝土试件弯曲损伤破坏的临界裂缝宽度进行比较分析，研究其抗裂性能。图 3.6 给出了试件弯曲损伤破坏的临界裂缝宽度随温度的变化规律。由图可知，临界裂缝宽度随温度的升高逐渐增大，且上升趋势近似呈直线，从 20℃到 800℃，临界裂缝宽度增大 5~8 倍。说明高温损伤使混凝土抵抗裂缝扩展的能力逐渐减弱。图 3.6 还给出了临界裂缝宽度随温度变化的拟合曲线，且拟合度较好，能在一定程度上预测高温后混凝土弯曲损伤破坏时的裂缝宽度。

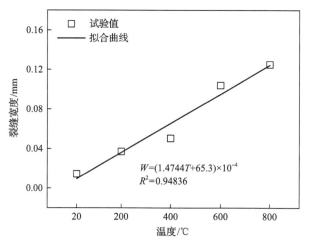

$$W=(1.4744T+65.3)\times10^{-4}$$
$$R^2=0.94836$$

图 3.6　临界裂缝宽度随温度的变化规律

3.3　基于 DIC 方法的高温后混凝土弯曲损伤破坏性能分析

将 DIC 方法与混凝土抗折强度试验相结合，首次实时观测高温后混凝土抗弯试件损伤破坏过程的变形场，并对变形数据进行统计分析，表征高温后混凝土抗弯试件的损伤破坏性能，进一步探讨温度对混凝土损伤破坏的影响规律。

3.3.1　弯曲损伤破坏过程

利用 DIC 方法，对混凝土抗弯试件的损伤破坏过程进行研究。由于不同温度下混凝土抗弯试件损伤破坏过程类似，以 20℃下混凝土抗弯试件为例，来说明混凝土弯曲损伤破坏各阶段的特征。

　　试件的荷载-挠度曲线如图 3.7 所示，加载初期（挠度为 0～0.005mm），荷载-挠度曲线近似呈一条直线，且斜率较大，随着荷载增大（约 C、D 两点之间），曲线斜率逐渐减小，呈非线性增长趋势，挠度的增长速率逐渐加快，在 D、E 点之间时，荷载大小基本持平，随后迅速跌落，此阶段挠度迅速增长。

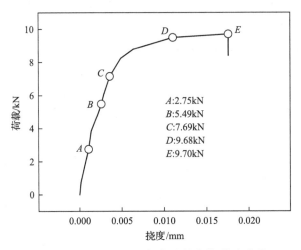

A:2.75kN
B:5.49kN
C:7.69kN
D:9.68kN
E:9.70kN

图 3.7　室温时混凝土抗弯试件荷载-挠度曲线

　　观察发现，DIC 方法测得的试件水平位移 U 和水平应变 ε_{xx} 云图的变化特征与试件的荷载-挠度曲线有一定的对应关系，因此选取加载过程中 $A\sim E$ 五个典型时刻的水平位移和应变分布云图，如图 3.8 和图 3.9 所示，结合荷载-挠度曲线进一步分析。

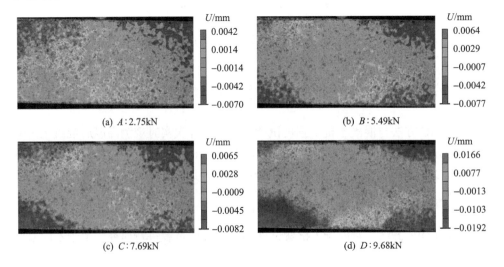

(a) A:2.75kN　　　　　　　　　　　(b) B:5.49kN

(c) C:7.69kN　　　　　　　　　　　(d) D:9.68kN

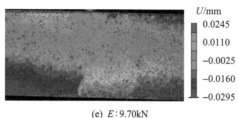

(e) E : 9.70kN

图 3.8　不同荷载作用下水平位移 U 的分布云图

（本章彩图请扫封底二维码）

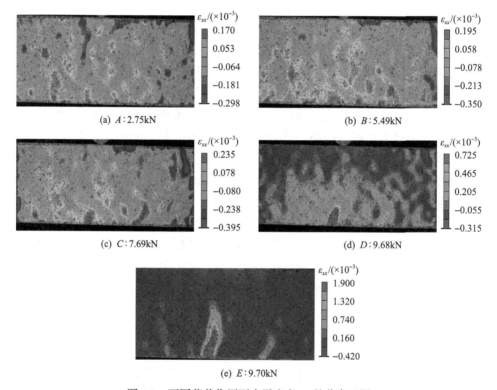

图 3.9　不同荷载作用下水平应变 ε_{xx} 的分布云图

　　水平位移云图中，在加载初期（A 点处），试件左上部代表正向位移的红色区域较多，右上部代表负向位移的紫色区域较多，试件下部云图的颜色较均匀。随着荷载的增大（B 点处），水平位移逐渐增大，试件左下角出现紫色区域，右下角出现红色区域，这表明试件整体上呈上压下拉的受力状态。对于水平应变云图，在 A 点处，试件整体的水平应变较均匀，且呈红绿交替的条纹状分布，这是由于混凝土是一种非均匀材料，在荷载作用下，应力将首先在混凝土内部的薄弱处集中，使该处的应变增大。当荷载增大使内部薄弱处出现微小裂缝或微裂缝扩展时，该处集中的应力得以释放，使该处应变回缩，同时在下一个薄弱处又会形成应力集中，所以会出现应变云图的条纹状分布。当荷载达到 B 点时，试件水平应变云图仍呈条纹状，但是底部红色的拉应变区域扩大，这表明在试件底部薄弱处产生了多处微裂缝。A、B 两点所在的过程中，试件受荷载较小，水平位移云图过渡平缓，水平应变的交替条状分布表明试件微裂缝在不断调整，可称作微裂缝弥散阶段。此阶段试件内部的损伤较小，由荷载-挠度曲线可知，试件处于弹性变形阶段。

随着荷载的进一步增大（C 点处），试件仍呈上压下拉的受力状态，但水平位移云图底部有两处明显的过渡，说明试件此处出现宏观裂缝。当荷载达到 D 点处时，水平位移云图底部左侧位移梯度变化更加明显，且位移值增大，说明宏观裂缝进一步扩展。对比水平应变云图，在 C 点处，试件下部边缘处的多处红色拉应变集中区域逐渐变为两处较为明显的区域，这表明随着应力增大试件会选择底部最薄弱处形成宏观裂缝来承担应力和耗散能量，底部其余各处应变回缩。当荷载达到 D 点处时，上部压应变区域的颜色逐渐变为蓝紫色，底部宏观裂缝由两条变为一条，且呈向上扩展的趋势，拉应变数值进一步增大。这是由于试件中的骨料或强度较好的水泥基体抑制了宏观裂缝的扩展，但由于荷载的增大，宏观裂缝仍会在强度最小的缺陷处或界面处进一步扩展，因此该阶段可称为宏观裂缝选择阶段，而由荷载-挠度曲线可知，该阶段处于弹性变形和塑性变形之间，是损伤进一步累积的过程。

荷载继续增大（E 点处），水平位移云图位移梯度变化更加明显，且有向上延伸的趋势。水平应变云图中蓝紫色压应变区域不断扩大，而宏观裂缝的拉应变区域向上扩展，说明主裂缝逐渐扩展形成通缝，试件失稳破坏，因此该阶段可称为主裂缝稳定扩展阶段。

3.3.2 水平应变场统计分析

通过对 DIC 方法测得的水平位移云图和水平应变云图的分析可知，混凝土弯曲损伤破坏过程的水平应变 ε_{xx} 能够较好地反映抗弯试件损伤破坏各个阶段的变化特征。同时，水平应变较大的点一般出现在应力集中以及裂缝出现的区域，因此水平应变较大的点能在一定程度上反映抗弯试件损伤破坏的演化过程。为了进一步研究这个规律，对全场水平应变进行统计分析。

由于 DIC 方法获得的水平应变数据量较大，在 DIC 方法整个计算区域内均匀选取 5000 点，分别对所有点的水平应变、水平应变最大的前 500 个点（即 10%）、前 250 个点（即 5.0%），前 125 个点（即 2.5%）的水平应变求平均值，并给出随荷载的变化过程，如图 3.10 所示。

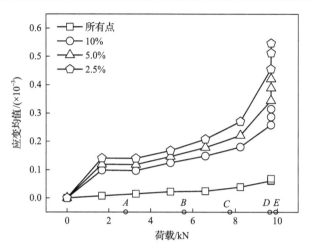

图 3.10　所有测点水平应变均值与最大前 10%、5.0%和 2.5%点水平应变均值随荷载的变化

由图 3.10 可知：前 500 个点、前 250 个点、前 125 个点的水平应变均值的变化趋势相似，大约在 C 点之前随荷载增大水平应变均值呈缓慢增长，在 $C{\sim}D$ 点水平应变均值的增长速率有所增加，在 $D{\sim}E$ 点水平应变均值的增长速率明显增大，此过程大约对应图 3.9 中试件破坏的裂缝弥散、裂缝选择和主裂缝扩展的各个阶段，能够较好地反映混凝土抗弯试件在损伤破坏过程中的线性和非线性特征。

而所有点的水平应变均值，在整个加载过程中始终呈缓慢增长，没有明显的阶段特征，不能反映抗弯试件的损伤破坏过程。因此，将采用前 250 个点的水平应变来进一步分析混凝土抗弯试件的损伤破坏过程。

3.3.3　弯曲损伤破坏过程应变双因子表征

由文献[4]并结合 3.3.2 节统计分析可得，前 250 个较大水平应变点的数值和空间分布特征能够有效描述抗弯试件的损伤演化及破坏过程。本节以未经高温的混凝土试件为例，采用损伤程度因子 D_f 和局部化因子 L_f 来表征抗弯试件的损伤破坏过程[4]。

1. 损伤程度因子 D_f

首先，统计前 250 个较大水平应变点的均值与 5000 个点的水平应变均值之差：

$$\bar{\varepsilon} = \frac{1}{250}\sum_{i=1}^{250}(\varepsilon_{xx})_i - \frac{1}{5000}\sum_{i=1}^{5000}(\varepsilon_{xx})_i \tag{3.2}$$

式中：$\dfrac{1}{250}\displaystyle\sum_{i=1}^{250}(\varepsilon_{xx})_i$ 为前 250 个较大水平应变的均值；$\dfrac{1}{5000}\displaystyle\sum_{i=1}^{5000}(\varepsilon_{xx})_i$ 为所有点的

水平应变均值。

定义损伤程度因子 D_f 为

$$D_f = \bar{\varepsilon}/\bar{\varepsilon}_{max} \qquad (3.3)$$

式中：$\bar{\varepsilon}_{max}$ 为荷载达到极值时的 $\bar{\varepsilon}$ 值，即 $\bar{\varepsilon}$ 的最大值。

图 3.11 给出了未经高温的混凝土抗弯试件的损伤程度因子 D_f 随荷载的变化曲线，该曲线可以分为三个阶段。

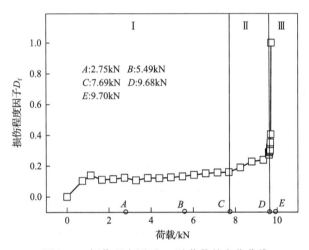

图 3.11　损伤程度因子 D_f 随荷载的变化曲线

初始阶段 I，荷载从 0 达到 C 点（7.69kN），损伤程度因子随荷载增大呈线性增大，但增长趋势较平缓，最大值不超过 0.2，这说明加载初期荷载对试件造成的损伤程度较小，试件整体强度较高，变形以弹性变形为主。由 3.3.1 节分析可知，阶段 I 恰好对应抗弯试件受荷过程中微裂缝弥散阶段。

在阶段 II 中，荷载在 C～D 点（7.69～9.68kN），损伤程度因子曲线的增长趋势有所增加，开始出现非线性的特征，D_f 的值为 0.2～0.4，这说明在此过程中试件应变增大、损伤加剧，阶段 II 对应 3.3.1 节中裂缝的选择阶段，在此过程中试件内部裂缝、孔隙逐渐扩展汇聚成多条宏观裂缝，并选择内部最薄弱处的裂缝进一步扩展。

随着荷载继续增大达到 D～E（9.68～9.70kN），试件进入阶段 III，损伤程度因子急剧增大，D_f 值从 0.4 迅速增加到 1.0，阶段 III 对应 3.3.1 节主裂缝扩展阶段，此阶段主裂缝形成并加速扩展，当荷载达到极限值时，试件发生断裂破坏。

从能量角度分析，如图 3.12 所示，能量驱动混凝土试件破坏机制为：外界输入能量一部分以弹性能的形式积聚在混凝土试件中，使内部的能量源 E_e 不断增加；而外界输入能量的另一部分则以产生塑性变形和损伤的形式耗散，从而降低混凝土试件存储弹性能的能力，即降低储能极限 E_c。而当能量源 E_e 与储能极限 E_c 相等时，试件发生破坏。

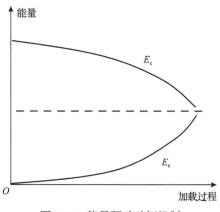

图 3.12　能量驱动破坏机制

因此，对图 3.11 中阶段 I 来说，试件损伤程度因子较小，且增幅缓慢，这说明此时加载输入的能量大部分以弹性应变能的形式积聚在试件内部，不断提高了驱动试件破坏的能量源 E_e，只有小部分以损伤能和塑性变形能的形式耗散，来降低试件强度和储能极限 E_c。当达到阶段 II 时，损伤程度因子不断增大，说明加载输入的能量转化为弹性应变能的比例有所下降，以裂缝表面能、摩擦热能和塑性变形能等形式耗散的部分不断增加，此时变形处于弹塑性的过渡阶段。当进入阶段 III 时，试件损伤程度因子加速上升，说明以裂缝扩展的动能、表面能、摩擦热能和塑性变形能的耗散能所占的比例提高，使试件储能极限 E_c 进一步下降，当荷载达到极限值时，由于试件损伤而降低的试件储能能力 E_c 低于试件由弹性变形而存储的能量 E_e，试件发生断裂破坏。

2. 损伤局部化因子 L_f

图 3.13 给出了对应 3.3.1 节中 $A \sim E$ 五个典型时刻的前 250 个水平应变较大点的空间位置分布。由图可知，随着荷载的增大，水平应变较大点的位置从弥散逐渐汇聚，这与试件损伤破坏过程对应，同时水平应变较大主要是由抗弯试件表面裂缝产生所引起的，因此水平应变较大点的空间位置分布也可以在一定程度上反映抗弯试件的损伤破坏过程。

对前 250 个水平应变较大点的坐标位置进行相关性分析，引入相关性系数：

$$C_{xy} = \frac{\left| \sum_{i=1}^{250} (x_i - \overline{x})(y_i - \overline{y}) \right|}{\sqrt{\sum_{i=1}^{250} (x_i - \overline{x})^2} \sqrt{\sum_{i=1}^{250} (y_i - \overline{y})^2}} \tag{3.4}$$

式中：$\overline{x}$ 和 $\overline{y}$ 为前 250 个水平应变较大点的横向和纵向坐标平均值。

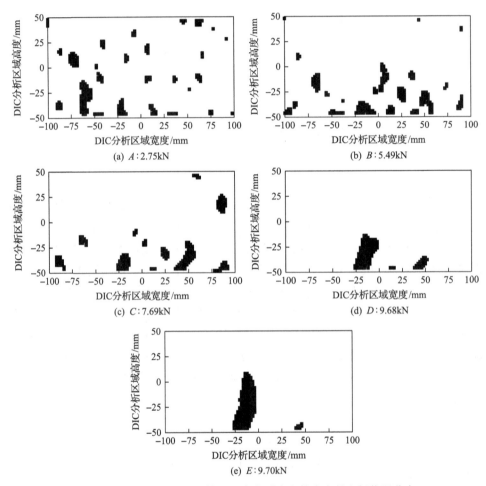

图 3.13　五种荷载水平下前 250 个水平应变较大点的空间位置分布

定义局部化因子 L_f 为

$$L_f = 1 - C_{xy} \tag{3.5}$$

由式(3.4)和式(3.5)可知，相关性系数取值范围为 $0 < C_{xy} < 1$，则局部化因子取值范围也为 $0 < L_f < 1$，L_f 越大，则 C_{xy} 越小，说明前 250 个水平应变较大点的空间

位置分布越分散，此时对应试件损伤初期，即试件表面弥散分布着大量微裂缝；反之，说明水平应变较大点的空间位置分布越集中，此时对应试件损伤较大时；当 L_f 趋于 0 时，水平应变较大点的空间位置分布接近一条直线，表明试件形成宏观裂缝，水平应变较大点主要沿宏观裂缝分布。

20℃下混凝土试件的损伤局部化因子 L_f 随加载过程的变化曲线如图 3.14 所示。由图可知，损伤局部化因子曲线在阶段Ⅰ的下降趋势较缓慢，L_f 值下降幅度较小，说明此时前 250 个水平应变较大点的空间位置分布较为分散。由图 3.14 中 A 和 B 也能直观看出，应变较大点虽然偏向拉应力较大的底边，但分布仍然散乱，说明此阶段损伤程度较小，损伤微裂缝呈弥散分布，损伤局部化因子 L_f 值较大。

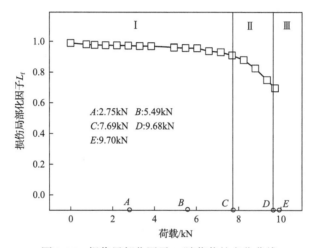

图 3.14　损伤局部化因子 L_f 随荷载的变化曲线

在阶段Ⅱ，随着荷载增大，损伤局部化因子曲线的下降趋势有所增加，L_f 值进一步降低，说明此时前 250 个水平应变较大点的空间位置逐渐汇聚，由图 3.13 中 C 和 D 也可知，水平应变较大点逐渐由弥散状分布汇聚成多个带状分布，使局部化因子 L_f 值降低。说明此时试件表面微裂缝汇聚形成宏观裂缝，损伤速度逐渐加快，此阶段为宏观裂缝的选择和主裂缝的形成阶段。

在阶段Ⅲ，此时荷载迅速达到极值，L_f 值下降到 0.70，由图 3.14 中 E 也可知，水平应变较大点集中分布在裂缝及其以外的一定宽度内。需要注意的是，损伤局部化因子在荷载极值处为 0.70，并非趋近于零，说明应变较大点的空间位置在极值处并没有完全集中在一条直线上，这是由于混凝土试件在形成宏观裂缝的同时会在裂缝周围形成一个断裂过程区，该区域内基体疏松、变形增大，因此水平应变较大点才会呈条带状分布，在荷载极值处的损伤局部化因子才没有趋于零。

3. 高温对损伤程度因子表征曲线的影响

图 3.15 为不同温度后混凝土试件的损伤程度因子曲线。由图 3.15(a)可知，试件损伤程度因子随温度的变化幅度较大。随着温度的升高，损伤程度因子曲线由平缓逐渐变得陡峭。未经高温的混凝土试件损伤程度因子曲线缓慢增长区段较长，即弹性变形阶段较长(荷载为 0~8kN，此时 D_f 为 0~0.2)。同时，该试件的荷载极值最大，但当荷载达到极值附近时，损伤程度因子迅速上升，试件呈一裂即坏的脆性破坏特征。随着温度的不断提高，试件内部微裂缝和孔洞增多，试件整体变得疏松，荷载极值下降，弹性变形阶段缩短，且弹塑性过渡阶段逐渐平滑。当温度达到 800℃时，试件高温损伤严重，当加载到 0.5kN 左右时达到荷载极值，此时试件基本丧失承载能力。从能量角度分析，未经高温的试件储能极限较高，加载初期输入的能量大部分以弹性应变能的形式存储在试件内部，由于在弹性阶段积聚了大量能量，一旦达到试件储能极限，能量将迅速释放，试件发生脆性破坏。随着温度的升高，高温损伤会逐渐降低试件本身的储能极限 E_c，同时在加载过程中疏松的内部结构会以裂缝表面能、摩擦热能和塑性变形能等形式耗散更多能量，因此试件破坏时的能量释放大大减小，试件破坏呈延性。

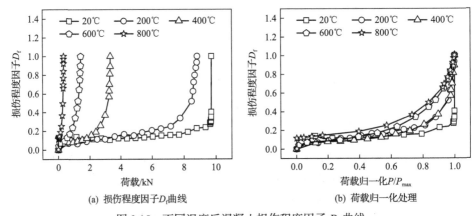

(a) 损伤程度因子 D_f 曲线　　　(b) 荷载归一化处理

图 3.15　不同温度后混凝土损伤程度因子 D_f 曲线

对荷载极值做归一化处理，得到如图 3.15(b)所示的结果，未经高温的试件损伤程度因子曲线有较明显的弹性变形阶段和塑性变形阶段。当温度逐渐升高时，整条曲线随荷载增大逐渐上升，无明显的过渡阶段，说明高温使抗弯试件的损伤破坏过程由突变模式转为渐变模式，但是这种转变是以牺牲其抗折强度为代价的。

4. 高温对损伤局部化因子表征曲线的影响

图 3.16 给出了不同温度后混凝土的损伤局部化因子曲线。由图 3.16(a)可知，高温后混凝土试件的损伤局部化因子曲线随温度的变化比较明显。未经高温的局

部化因子曲线的下降趋势平缓，且有较长的缓慢线性下降的阶段，随着温度的升高，局部化因子曲线的下降趋势逐渐加快，加载初期缓慢线性下降阶段逐渐缩短，当温度达到 800℃ 时，损伤局部化因子曲线竖直向下，试件基本失去承载能力，这是因为高温使试件内部疏松劣化，损伤加剧，试件微裂缝弥散过程缩短，宏观裂缝迅速形成扩展。由图 3.16(a) 还可知，最大荷载处对应的损伤局部化因子 L_f 的值随温度的升高逐渐减小，这说明温度越高，试件在荷载极值处应变最大点的线性相关程度越高，这是因为高温使试件变得疏松劣化的同时，还会使试件在荷载极值处的变形更大，裂缝扩展更长。

对荷载归一化处理，如图 3.16(b) 所示。由图可知，损伤局部化因子随温度升高下降趋势加快，说明高温能使试件受弯后弥散的微裂缝形成宏观裂缝的过程加快。同时，高温损伤使损伤局部化因子表征曲线线性和非线性的过渡更加平滑，局部化过程趋于渐变模式，这进一步说明高温使混凝土的弯曲损伤破坏过程由突变模式转为渐变模式。

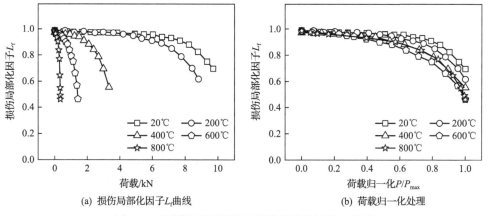

(a) 损伤局部化因子 L_f 曲线　　　　(b) 荷载归一化处理

图 3.16　不同温度后混凝土损伤局部化因子 L_f 曲线

参 考 文 献

[1] 中华人民共和国住房和城乡建设部, 国家市场监督管理总局. GB/T 50081—2019　混凝土物理力学性能试验方法标准[S]. 北京: 中国建筑工业出版社, 2019.

[2] 国家市场监督管理总局, 国家标准化管理委员会. GB/T 17671—2021　水泥胶砂强度检验方法 (ISO 法)[S]. 北京: 中国标准出版社, 2021.

[3] Hamrat M, Boulekbache B, Chemrouk M, et al. Flexural cracking behavior of normal strength, high strength and high strength fiber concrete beams, using digital image correlation technique[J]. Construction and Building Materials, 2016, 106: 678-692.

[4] 张皓. 准脆性材料损伤演化的实验力学研究[D]. 天津: 天津大学, 2014.

第4章 高温后混凝土断裂性能

在实际工程中，存在大量对裂缝控制有较高要求且长期处于高温环境的混凝土结构，如电厂冷却塔、预应力核反应堆容器和受到火灾影响的建筑物。因此，进一步研究混凝土在高温后的断裂性能，对于设计、维护和评估此类结构具有重要的意义。本章针对高温后混凝土进行三点弯曲切口梁断裂试验，采用常规变形测量方法（应变片和激光引伸计）和 DIC 方法测试了混凝土断裂试件的位移和应变。基于混凝土的双 K 断裂模型计算其断裂力学参数，分析其裂缝扩展特性。利用修正后的混凝土断裂能公式，分析断裂破坏过程中混凝土单位面积开裂所需的能量，并通过等效弯曲韧度分析混凝土的弯曲韧性。

4.1 试 验 概 况

4.1.1 试验材料

本章所用试验原材料和配合比同第 2 章。

4.1.2 试件制备

参考文献[1]，用于测定断裂性能的试件为 515mm×100mm×100mm 的棱柱体，在试件梁的中间，预制一条高为 40mm、宽为 2mm 的裂缝，如图 4.1 所示。

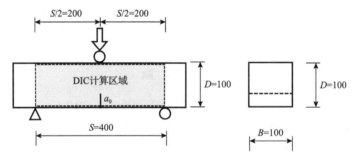

图 4.1 带预制裂缝的三点弯曲混凝土梁（单位：mm）

在试件制作过程中，采用薄钢板（100mm×40mm×2mm）预制断裂试验试件的裂缝。在浇筑混凝土断裂试件前，先在事先加工好的薄钢板两面涂上脱模剂并用钢夹固定在试模上，固定的过程中严格控制薄钢板与试模之间的垂直度，保证预制裂缝不出现斜裂缝，然后将混凝土注模振捣。在混凝土初凝后 2h 内将钢板拔出，即形成一条预制裂缝。钢板要慢慢拔出，以保证预制裂缝尖端部位完好。

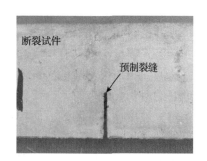

断裂试件

预制裂缝

图 4.2　养护较好的预制裂缝

为避免在养护过程中由于混凝土干缩而在预制裂缝尖端部位形成应力集中，导致在预制裂缝尖端部位出现早期塑性收缩裂缝，应在试件浇筑后用保鲜膜覆盖试件，定期浇水。2 天后脱模并立即放入养护室，待 28 天的龄期过后取出即可试验。图 4.2 所示的是养护较好的预制裂缝，裂缝尺寸标准，走势合格，预制裂缝尖端部位完好无破坏。

4.1.3　试验方法

1. 高温试验

高温试验设备和升温制度同第 2 章。

2. 三点弯曲切口梁断裂试验

参照文献[1]的方法，将高温后的混凝土试件进行三点弯曲切口梁断裂试验。使用 MTS 电液伺服试验机进行加载，加载过程采用力控制，速率为 5N/s，试件破坏后，当力降至 100N 时停止试验。试验装置如图 4.3 所示。

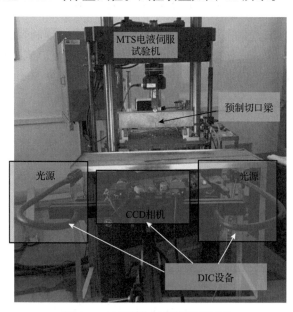

MTS电液伺服
试验机

预制切口梁

光源

光源

CCD相机

DIC设备

图 4.3　三点弯曲切口梁断裂试验

采用 MTS 非接触式激光引伸计来实时测量切口梁试件在试验过程中的裂缝口张开位移（CMOD），如图 4.4(a)所示。激光引伸计可实现对材料标距间变形的非接触式测量，其具有精度高、使用便捷、应用范围广等优点。激光引伸计通过高速激光扫描仪不断地向试件表面发射激光束，当激光束照射到试件表面预先标记好的两个反射带时，会反射出角度不同的两组离散光。这两组离散光经过镜子偏转，被接收器探测到。而接收器根据两组离散光反射角度的差值测量试件上两反射带之间的距离，然后通过引伸计显示出实际测量距离并实时记录该数据。本试验中反射带标记于试件预制裂缝口两侧的表面上，位置如图 4.4(b)所示。

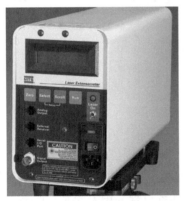
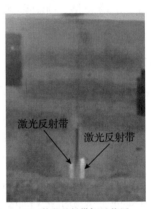

(a) 非接触式激光引伸计　　　　(b) 激光反射带标记位置

图 4.4　MTS 非接触式激光引伸计

为确定起裂荷载，参考文献[2]的方法，在试件表面预制裂缝尖端的左右两侧和上部分别粘贴应变片，如图 4.5 所示。应变片具体布置方式：在每个试件反面，以预制裂缝为中轴线，向左右两侧各 10mm 处粘贴标距为 50mm 的电阻应变片，编号分别为 1、2，测量试件在弯曲试验过程中的起裂荷载 P_{ini}；在预制裂缝尖端

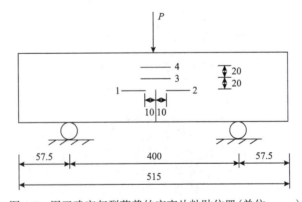

图 4.5　用于确定起裂荷载的应变片粘贴位置(单位：mm)

上方 20mm 处和 40mm 处分别粘贴两个标距为 50mm 的电阻应变片，编号分别为 3、4，观测试件在弯曲试验过程中裂缝的扩展程度。每个应变片均采用 1/4 桥方式连接并设置温度补偿片。

试验过程中，采用 DIC 设备实时测试混凝土试件表面在断裂破坏过程中的位移场和应变场，如图 4.3 所示。DIC 方法的基本原理和试验设备详见 2.1.3 节。

试验时同时启动 MTS 电液伺服试验机、应变采集系统、激光测距测试系统和 DIC 设备。加载系统加载并记录荷载数据，应变采集系统记录应变片的变形数据，激光测距测试系统记录预制裂缝口的张开位移数据，DIC 设备通过 CCD 相机连续采集并保存试件表面的散斑图像。试验后期，通过图像分析系统对散斑图像进行计算，得到试件表面的位移和应变场数据。

4.2　高温后混凝土断裂韧度分析

4.2.1　基于 DIC 方法的三点弯曲切口梁断裂试验断裂过程分析

在断裂试验过程中，采用 DIC 设备测试混凝土试件表面的位移和应变场演化过程。由试验结果可知，试件的水平位移场和水平应变场能较好地反映试件断裂过程的变形演化特征，并且不同温度后，试件的位移和应变场演化特征相似，因此以 20℃时的混凝土试件为例，对水平位移场和水平应变场进行详细分析。

1. 水平位移云图分析

图 4.6 给出了混凝土试件在断裂过程中的水平位移云图。在图 4.6 中，沿 X 轴方向为水平正位移，反之为水平负位移。由图 4.6(a)可知，在加载初期，水平位移云图左上、右下出现红色和黄色(正位移)；左下、右上出现蓝色和紫色(负位移)。由此可知，试件整体呈上压下拉的受力状态。但由于应力水平较小，以及混凝土内部的不均匀性以及初始缺陷的存在，切口梁各点的应力和变形不是均匀变化的，所以此时位移云图呈现点状分布；当荷载继续增大时，如图 4.6(b)所示，切口梁下部的正向和负向位移区向上扩展，并在切口尖端首次出现水平位移突变，说明此时切口尖端出现宏观裂缝；切口梁开裂之后并没有立即破坏，荷载仍能继续增大，位移突变区域进一步向上扩展，形成一条较为明显的分界线，此时宏观裂缝稳定扩展，这表明混凝土裂缝起裂后不像理想均质材料一样立即开始失稳扩展，而是需要经历一个稳定扩展阶段，它是混凝土材料特有的断裂特性[3]。当荷载达到峰值时，如图 4.6(c)所示，宏观裂缝稳定扩展长度达到极限，此时为混凝土抵抗裂缝失稳扩展的临界状态。当荷载达到峰值后开始下降时，如图 4.6(d)所示，水平位移数值迅速增大，宏观裂缝失稳形成通缝，试件完全破坏。

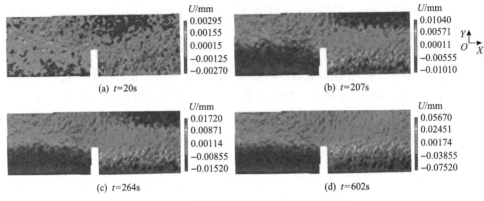

(a) t=20s

(b) t=207s

(c) t=264s

(d) t=602s

图 4.6　试件断裂过程的水平位移云图

(本章彩图请扫封底二维码)

2. 水平应变云图分析

图 4.7 给出了试件在断裂过程中的水平应变云图。在图 4.7 中，正值为水平拉应变，负值为水平压应变。由图 4.7(a)可知，试件在加载初期，水平应变云图呈现蓝绿条纹交替分布，这是因为混凝土是非均质的多相复合材料，其内部的微裂缝和薄弱过渡层的分布也是不均匀的，而此时混凝土受到的应力主要集中于这些初始内部缺陷，就会导致混凝土整体应变分布不均匀，故水平位移云图呈现条纹交替分布。随着荷载持续增大至起裂荷载，如图 4.7(b)所示，混凝土预制裂缝尖端产生了较大的拉应变，应变云图呈现"火焰"形状，并产生了分层，红色"焰心"处的拉应变最大，因此混凝土即将从"焰心"薄弱处开裂；而黄色"外焰"处虽然拉应变较大，但还没有出现裂缝，说明在这里形成了断裂过程区。当荷载继续增大达到极限荷载时，如图 4.7(c)所示，混凝土预制裂缝尖端的红色"焰心"

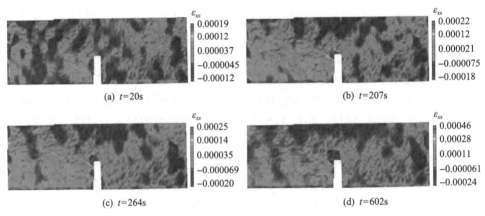

(a) t=20s

(b) t=207s

(c) t=264s

(d) t=602s

图 4.7　试件断裂过程的水平应变云图

和黄色"外焰"的断裂过程区持续向外扩展，因为断裂过程区在裂缝扩展时起到阻裂耗能的作用，所以此时混凝土没有发生脆性断裂。当荷载达到峰值以后，如图 4.7(d) 所示，应变数值迅速增大，裂缝尖端上的裂缝扩展为通缝，试件完全断裂破坏。

4.2.2　裂缝口张开位移的确定

CMOD 也是评价材料断裂性能的重要指标。通过激光引伸计和 DIC 方法测得的水平位移场数据，分别计算试件的 CMOD。

1. 激光引伸计测试裂缝口张开位移

激光引伸计通过激光扫描仪向试件表面发射激光束，激光束可实时观测并记录试件两反射带之间的距离，即为试件的 CMOD。反射带标记位置如图 4.8(a) 所示，测得的 P-CMOD 曲线如图 4.8(b) 所示。

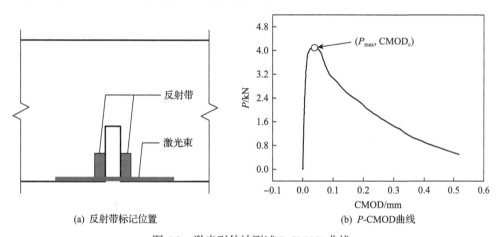

(a) 反射带标记位置　　　　　　　(b) P-CMOD 曲线

图 4.8　激光引伸计测试 P-CMOD 曲线

2. DIC 方法测试裂缝口张开位移

采用 DIC 方法确定 CMOD 的方法如图 4.9(a) 所示。在水平位移云图中的预制裂缝开口两侧选取计算点 C、D。用 C、D 两点的水平位移数值作差，C、D 两点水平位移之差 ΔV 即为试件的 CMOD，绘制出 C、D 两点水平位移之差 ΔV 随时间 (t) 的变化曲线即为 CMOD-t 曲线。再与 P-t 曲线对应，即可得到 P-CMOD 曲线，如图 4.9(b) 所示。

4.2.3　起裂荷载 P_{ini} 的确定

起裂荷载 P_{ini} 是评价材料断裂性能的重要指标。通过应变片和 DIC 两种方法，

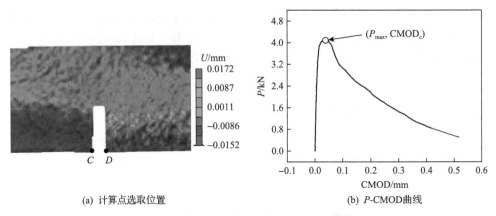

(a) 计算点选取位置　　　　　　　　　(b) P-CMOD曲线

图 4.9　采用 DIC 方法测试 P-CMOD 曲线

分别计算试件的起裂荷载 P_{ini}。

1. 应变片方法确定起裂荷载

根据文献[2]的方法，应变片测量起裂荷载 P_{ini} 的原理如下：在未起裂阶段，预制裂缝尖端混凝土先产生弹性变形，此时应变片 1 或应变片 2(图 4.5)所反映的荷载-应变(P-ε)关系基本为线性关系，如图 4.10 所示。当荷载继续增大时，裂缝尖端由于应力高度集中而开裂。这时，随着预制裂缝的开裂，初始裂缝尖端两侧混凝土应变能得到释放，应变片测得应变值产生回缩，在 P-ε 关系曲线上表现出的是其应变达到最大值后出现转折，随后应变值开始减小，而该转折点应变所对应的荷载即为相应的起裂荷载 P_{ini}，如图 4.10 所示。由于裂缝是从混凝土内部出现的，而当应变片显示应变值回缩时裂缝已从内部扩展至试件表面，所以应变片所反映的起裂荷载大于实际起裂荷载。因此，可选取应变片 1 和应变片 2 中起裂荷载的较小值比较合理。

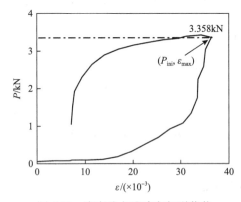

图 4.10　应变片方法确定起裂荷载

2. DIC 方法确定起裂荷载

采用 DIC 方法确定起裂荷载 P_{ini} 的方法如图 4.11（a）所示。在水平应变云图中，分别在预制裂缝尖端两尖点处选取计算点 A 和 B。通过计算点的应变，绘制出试件裂缝尖端两侧的荷载-应变（P-ε）曲线，如图 4.11（b）所示。在裂缝尖端未开裂之前，P-ε 曲线基本呈现线性增长；随着荷载的增大，预制裂缝尖端产生应力集中而随之开裂，裂缝两侧混凝土的应变能得到释放，应变值产生滞回，在 P-ε 曲线上表现为其应变达到最大值后突然出现明显的转折，应变值逐渐缩小，直至试件破坏。而应变的转折点即为试件的起裂荷载 P_{ini}。

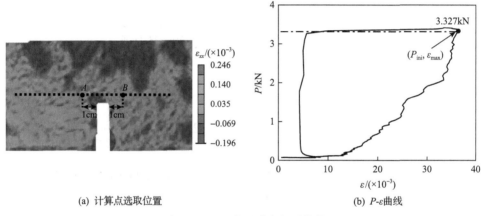

(a) 计算点选取位置　　　　　　　　(b) P-ε曲线

图 4.11　DIC 方法确定起裂荷载

试验中切口梁预制裂缝由插入薄钢板制成。在 CCD 镜头放大后，预制裂缝尖端处有两个尖点，如图 4.11（a）中布置点 A、B 处。在试验中，这两个尖点都是应力集中点，但由哪个尖点开裂是随机的。所以本试验的每个试件都分别绘制 A、B 两点的 P-ε 曲线，取 A、B 两测点得到的较小起裂荷载作为混凝土试件的起裂荷载。

4.2.4　失稳时等效裂缝长度 a_c 的确定

由于断裂过程区的存在，宏观裂缝形成后有一个稳定扩展的过程，计算失稳断裂韧度时应该采用等效裂缝长度 a_c，对应的缝高比为 $\lambda_c = a_c/D$，对于任意三点弯曲切口梁，λ_c 的计算方法如式（4.1）所示[4]，计算结果见表 4.1。

$$
\begin{cases}
\lambda_c = \dfrac{\gamma^{3/2} + m_1(\beta)\gamma}{\left[\gamma^2 + m_2(\beta)\gamma^{3/2} + m_3(\beta)\gamma + m_4(\beta)\right]^{3/4}} \\[3mm]
\gamma = \dfrac{\mathrm{CMOD}_c BE}{6P_{\max}} \\[3mm]
m_1(\beta) = \beta(0.25 - 0.0505\beta^{1/2} + 0.0033\beta) \\[2mm]
m_2(\beta) = \beta^{1/2}(1.155 + 0.215\beta^{1/2} - 0.0278\beta) \\[2mm]
m_3(\beta) = -1.38 + 1.75\beta \\[2mm]
m_4(\beta) = 0.506 - 1.057\beta + 0.888\beta^2
\end{cases}
\tag{4.1}
$$

式中：CMOD_c 为最大荷载对应的裂缝口张开位移，μm；B 为梁的厚度，m；β 为跨高比；E 为弹性模量，GPa，采用 Jenq 等[5]推荐的方法计算：

$$
\begin{cases}
E = \dfrac{6Sa_0 V(a_0/D)}{BD^2 C_i} \\[3mm]
V(a_0/D) = 0.76 - 2.28a_0/D + 3.87(a_0/D)^2 - 2.04(a_0/D)^3 + \dfrac{0.66}{(1 - a_0/D)^2}
\end{cases}
\tag{4.2}
$$

式中：C_i 为由 P-CMOD 曲线确定的初始弹性柔度，$C_i = \mathrm{COMD}_i/P_i$，$i = 1$、2、3，（$P_i$，$\mathrm{CMOD}_i$）应选取位于 P-CMOD 曲线的起始线性部分，如图 4.12 所示。代入式（4.2）计算得到弹性模量的三个值 E_1、E_2、E_3，最后求平均值，即为该试件的弹性模量 E，计算结果见表 4.1。

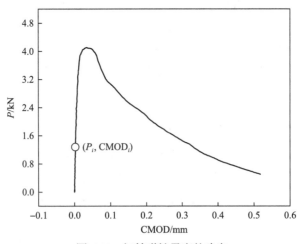

图 4.12　初始弹性柔度的确定

表 4.1　临界有效裂缝长度计算结果

温度/℃	$CMOD_c$/μm	$CMOD_c^*$/μm	E/GPa	E^*/GPa	λ_c	λ_c^*
20	28.23	27.93	27.31	26.89	0.462	0.458
200	50.22	47.45	18.54	18.11	0.503	0.491
400	72.23	62.41	16.75	16.86	0.584	0.564
600	90.23	75.41	7.25	7.02	0.632	0.603
800	100.34	94.01	3.58	2.77	0.653	0.610

注：带*的数据为 DIC 方法测试的结果。

4.2.5　基于双 K 模型的混凝土断裂韧度确定

在双 K 断裂模型中包括两个断裂参数：起裂断裂韧度 K_{ini} 和失稳断裂韧度 K_{un}，把混凝土的裂缝扩展过程分为三个阶段：起裂阶段、稳定扩展阶段和失稳扩展阶段。用起裂断裂韧度 K_{ini}、失稳断裂韧度 K_{un} 判断混凝土结构的起裂、稳定扩展、失稳扩展全过程。对于三点弯曲切口梁，混凝土双 K 断裂韧度可按式 (4.3) 计算：

$$\begin{cases} K = \dfrac{3PS}{2BD^2}\sqrt{a}k_\beta(\lambda) \\[2mm] k_\beta(\lambda) = \dfrac{\sqrt{\lambda}}{\sqrt[3]{(1-\lambda)^2}}\left[P_2(\lambda) + \dfrac{4P_1(\lambda)}{\beta} - \dfrac{4P_2(\lambda)}{\beta} \right] \\[2mm] P_1(\lambda) = 1.9 + 0.41\lambda + 0.51\lambda^2 - 0.17\lambda^3 \\[2mm] P_2(\lambda) = 1.99 + 0.83\lambda - 0.31\lambda^2 - 0.14\lambda^3 \end{cases} \tag{4.3}$$

式中：P 为荷载值，kN；S 为梁的跨度；B 为梁的厚度，m；D 为梁的高度，m；λ 为缝高比，$\lambda = a/D$；β 为跨高比，$\beta = S/D = 4$。

将起裂荷载 P_{ini} 和初始裂缝长度 a_0 代入式 (4.3) 可直接计算出起裂断裂韧度 K_{ini}。将最大荷载 P_{max} 和失稳时等效裂缝长度 a_c 代入式 (4.3) 可直接计算出失稳断裂韧度 K_{un}，计算结果见表 4.2。

表 4.2　断裂韧度计算结果

温度/℃	P_{ini}/kN	P_{ini}^*/kN	P_{max}/kN	断裂韧度/(MPa·m$^{1/2}$)			
				K_{ini}	K_{ini}^*	K_{un}	K_{un}^*
20	3.358	3.327	3.413	1.68	1.67	2.19	2.16
200	2.111	2.065	3.116	1.06	1.04	2.37	2.26
400	1.316	1.271	2.331	0.66	0.64	2.52	2.3

续表

温度/℃	P_{ini}/kN	P_{ini}^*/kN	P_{max}/kN	断裂韧度/(MPa·m$^{1/2}$)			
				K_{ini}	K_{ini}^*	K_{un}	K_{un}^*
600	0.68	0.625	0.894	0.34	0.31	1.22	1.06
800	0.34	0.307	0.418	0.17	0.15	0.63	0.51

注：带*的数据为 DIC 方法测试的结果。断裂韧度以每组 3 个试件测得的算术平均值作为试验结果，且误差限为 15%，当该测值超过误差限时，该值剔除，按余下测值的平均值作为试验结果。若可用的测值少于 2 个，则该组试验失败，应重做试验。

4.2.6 温度对起裂断裂韧度 K_{ini} 的影响

图 4.13 为通过粘贴应变片的方法和 DIC 方法分别得到的起裂断裂韧度 K_{ini} 随温度升高的变化趋势。由图 4.13 可知，混凝土的起裂断裂韧度 K_{ini} 随温度的升高呈现单调下降的趋势，且在 800℃时下降最严重，降幅达到了 89.7%～90.2%，说明温度越高，混凝土越易开裂。当混凝土所处的环境温度逐渐升高时，其内部的微裂缝也随着环境温度的升高不断地增多和扩展，而这些微裂缝的存在使混凝土的内部薄弱处数量增多，使得混凝土在受力时更易在切口尖端处形成微裂缝区，从而降低了起裂荷载 P_{ini}，起裂断裂韧度 K_{ini} 也随之降低。对比应变片方法和 DIC 方法确定的起裂断裂韧度 K_{ini} 可知，两者随温度升高的变化趋势和下降幅度基本一致。这说明 DIC 试验方法在测定混凝土起裂断裂韧度 K_{ini} 时具有一定的准确性和可靠性。

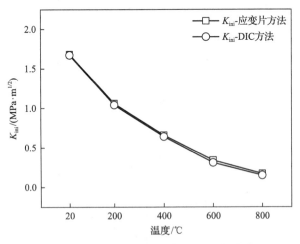

图 4.13 温度对起裂断裂韧度 K_{ini} 的影响

4.2.7　温度对失稳断裂韧度 K_{un} 的影响

图 4.14 为通过激光引伸计方法和 DIC 方法分别得到的失稳断裂韧度 K_{un} 随温度升高的变化趋势。由图 4.14 可知，在温度低于 400℃时，失稳断裂韧度 K_{un} 随着温度的升高线性上升，且 400℃下失稳断裂韧度 K_{un} 较常温值增加了 6.5%～15.1%。说明 400℃之前，温度升高使混凝土裂缝不易失稳扩展而发生断裂破坏。这是由于环境温度低于 400℃时，混凝土内部将产生更多的微裂缝。虽然内部微裂缝的增加降低了起裂断裂韧度 K_{ini}，但也使得试件在开裂之后的受力过程中，将有更多的微裂缝同时"竞争"形成主裂缝，从而提高了混凝土的延性，失稳断裂韧度 K_{un} 也随之提高。

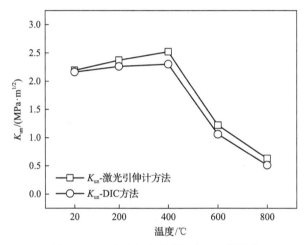

图 4.14　温度对失稳断裂韧度 K_{un} 的影响

在温度高于 400℃后，失稳断裂韧度 K_{un} 随温度的升高下降明显，且 800℃下失稳断裂韧度 K_{un} 较常温值减小了 71.2%～76.4%。说明 400℃之后的温度升高使混凝土裂缝更易发生失稳扩展而断裂破坏。这是由于当温度在 400～800℃时，混凝土内部的 C-S-H 凝胶、水泥基体和骨料中的化学成分开始脱水分解，使得混凝土的内部结构逐渐疏松劣化。此时，混凝土内部的微裂缝在试件受力时不再"竞争"形成主裂缝，而是在最薄弱的微裂缝处直接断裂，从而导致失稳断裂韧度 K_{un} 显著降低。

对比图 4.14 中通过两种试验方法得到的失稳断裂韧度 K_{un} 可知，二者随温度升高的变化趋势基本一致，总体误差不超过 10%。这说明 DIC 方法可以较为精确地测定混凝土失稳断裂韧度 K_{un}。

4.2.8　两种试验方法的比较

图 4.15 给出了通过粘贴应变片方法得到的起裂断裂韧度 K_{ini} 和 DIC 方法确定的起裂断裂韧度 K_{ini}^* 的比值随温度升高的变化趋势。图 4.15 还给出了通过激光引伸计得到的失稳断裂韧度 K_{un} 和 DIC 试验方法得到的失稳断裂韧度 K_{un}^* 的比值随温度升高的变化趋势。

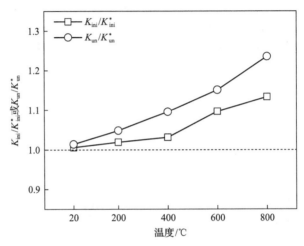

图 4.15　不同温度下不同方法获得的混凝土断裂韧度之比 K_{ini}/K_{ini}^* 和 K_{un}/K_{un}^* 的变化趋势

由图 4.15 可知，K_{ini}/K_{ini}^* 随温度升高逐渐增大且越来越偏离理想值 1。这表明两种试验方法得到的起裂荷载 P_{ini} 随温度的升高相对差越来越大。造成这种现象的原因是：当温度越来越高时，混凝土表面会形成许多微裂缝甚至出现掉渣，此时粘贴应变片，由于试件表面不平整，应变片和试件表面之间必然会存在气泡。当加载至实际起裂荷载时，裂缝两侧的应变能在混凝土开裂的一瞬间得到释放，而应变值产生回缩。但由于应变片和试件表面之间存在气泡，应变片不能及时反映裂缝两侧应变值回缩的时刻，总比真实时刻要晚，从而导致起裂荷载偏大。而且温度越高，得到的起裂荷载偏大程度越高。DIC 方法测量试件的应变是通过散斑，不依赖试件的完好性，因此 DIC 方法得到的起裂荷载有效程度较高。故二者得到的起裂断裂韧度比值 K_{ini}/K_{ini}^* 随温度的升高逐渐增大。

由图 4.15 还可知，K_{un}/K_{un}^* 也随温度的升高逐渐增大且越来越偏离理想值 1。这表明两种试验方法得到的 CMOD 随温度的升高测量误差越来越大。这种现象是因为激光引伸计测量试件的 CMOD 是依靠标记在预制裂缝口两侧的反射带来实现的。随着试件挠度的增大，激光束与反射带的交点上移。试件在加载初期和加载后期, 激光引伸计的测试点是不一致的, 如图 4.16 所示, 因此增大了测量误差。而 DIC 方法测量试件的 CMOD 是通过测试预制裂缝口两侧选取点之间的距离实现的, 测试点的位置不随试件挠度的增加而改变, 所以测量精度较好。采用 DIC 方法得到的 CMOD 比采用激光引伸计有效程度高。

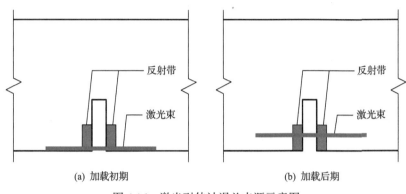

(a) 加载初期　　　　　　　　　　　　(b) 加载后期

图 4.16　激光引伸计误差来源示意图

4.3　高温后混凝土断裂能分析

混凝土断裂能 G_F 为材料发生断裂破坏时产生单位面积裂缝所需消耗的平均能量, 反映材料抵抗裂缝失稳扩展的能力[6]。20 世纪 60 年代初, 断裂能 G_F 开始用于研究混凝土的力学行为, 如今成为混凝土非线性断裂理论中描述混凝土断裂性能的主要指标。由断裂能 G_F 导出的延性指数 D_u 可以作为表征混凝土延性的参数。断裂能 G_F 在非线性断裂理论中具有重要的学术意义和应用价值。

在混凝土三点弯曲断裂试验过程中, 采用 MTS 电液伺服试验机和 DIC 技术两种方法, 实时观测高温后混凝土三点弯曲切口梁破坏过程中的挠度变化, 分别计算试件的断裂能和延性指数, 进一步探讨温度对混凝土断裂性能和延性的影响规律, 并分析对比两种测量方法的优劣。

4.3.1　荷载-挠度曲线的确定

通过荷载-挠度(P-δ) 曲线可以计算混凝土的断裂能 G_F。采用两种方法获得 P-δ 曲线。在三点弯曲切口梁断裂试验的过程中, MTS 电液伺服试验机可以实时记录试件的 P-δ 曲线。测试方法如图 4.17(a) 所示, 所测得的 P-δ 曲线如图 4.17(b) 所示。

采用 DIC 方法确定试件的 P-δ 曲线。如图 4.18(a) 所示, 在竖向位移云图中, 于预制裂缝尖端上延长线与试件 1/2 梁高的交点处选取计算点 E。E 点位移随时间

的变化曲线即为 $P\text{-}\delta$ 曲线。再与荷载-时间曲线对应，即可得到 $P\text{-}\delta$ 曲线，如图 4.18（b）所示。

(a) MTS电液伺服试验机测试方法

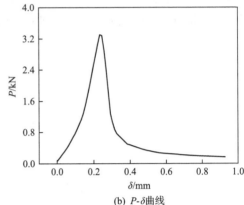

(b) $P\text{-}\delta$ 曲线

图 4.17　MTS 电液伺服试验机测试 $P\text{-}\delta$ 曲线

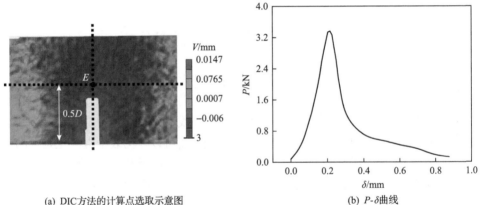

(a) DIC方法的计算点选取示意图

(b) $P\text{-}\delta$ 曲线

图 4.18　DIC 方法测试 $P\text{-}\delta$ 曲线

4.3.2　断裂能的确定

断裂能 G_F 表达式为[6]

$$G_F = \frac{W}{A} = \frac{W}{B(D - a_0)} \tag{4.4}$$

式中：D 为试件的高度，m；B 为试件的厚度，m；a_0 为预制裂缝的长度，m；W 为外力所做的功，N·m。

如图 4.19 所示，试验采集的原始 $P\text{-}\delta$ 曲线如图中的 $o\text{-}a\text{-}b$ 所示，考虑自重影

响修正后的 P-δ 曲线为图中的 o'-o-a-b-c。在考虑梁自重的影响下，三点弯曲切口梁完全断开时，外力所做的功 W 由四部分组成，如图 4.19 所示。

$$W = W_0 + W_1 + W_2 + W_3 \tag{4.5}$$

式中：W_0、W_1 和 W_2 可按文献[7]的方法计算，如式(4.6)～式(4.8)所示。

$$W_0 = \int_0^{\delta_0} P\mathrm{d}\delta \tag{4.6}$$

$$W_1 = \frac{\Delta P^2}{2k} = \frac{(0.5mg)^2}{2k} \tag{4.7}$$

$$W_2 = \Delta P \cdot \delta_0 = 0.5mg\delta_0 \tag{4.8}$$

式中：δ_0 为 b 点对应的挠度，mm；k 为 P-δ 曲线的初始刚度。

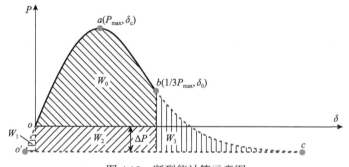

图 4.19　断裂能计算示意图

通常在计算混凝土断裂能时，因为 W_1 大约只占 W 的 0.16%～0.19%，所以 W_1 常常忽略不计[7]。对于 W_3 的计算，大量试验证明[8]：混凝土断裂能的尺寸效应主要来源于 P-δ 曲线的尾部包络面积 W_3 的计算。由于试件尺寸不同，试件的 P-δ 曲线的尾部形式也不相同，若只用一个统一的公式来计算 W_3，会带来较大的误差，导致不真实的尺寸效应。文献[9]采用拟合 P-δ 曲线下降段的方法来消除断裂能计算过程中的尺寸效应，P-δ 曲线的尾部段($P=P_{max}/3$ 之后，即图 4.19 中 b 点之后)，曲线的形式会呈现出一定的规律，可用幂函数形式表达为

$$P = \alpha\delta^{-\lambda} \tag{4.9}$$

$$\ln P = \ln\alpha - \lambda\ln\delta \tag{4.10}$$

式中：系数 α 和 λ 由点 $b(P_{max}/3, \delta_0)$ 后的试验数据点拟合确定。图 4.20(a)和(b)

为通过 MTS 电液伺服试验机得到的 $P\text{-}\delta$ 曲线尾部拟合过程中相关系数 R^2 最大的曲线和相关系数 R^2 最小的曲线。其中，R^2 最大为 99.70%，最小为 96.30%，且所有曲线的相关系数 R^2 的平均值为 98.8%；图 4.20(c) 和 (d) 为通过 DIC 方法得到的 $P\text{-}\delta$ 曲线尾部拟合过程中相关系数 R^2 最大的曲线和相关系数 R^2 最小的曲线。其中，R^2 最大为 99.72%，最小为 96.97%，且所有曲线的相关系数 R^2 的平均值为 98.15%。两种试验方法得到的 $P\text{-}\delta$ 曲线的尾部形式与拟合形式吻合程度较好，说明该拟合方法可靠，能有效消除断裂能计算过程中的尺寸效应[7]。

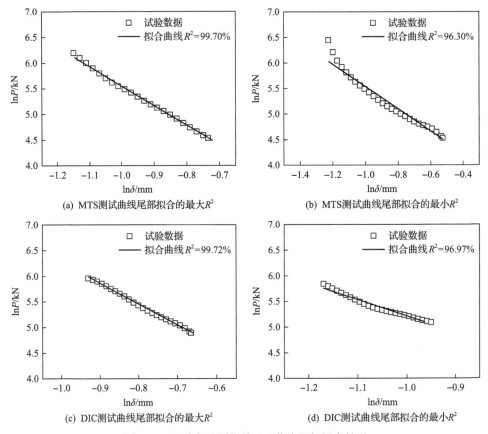

图 4.20　两种方法测得的 $P\text{-}\delta$ 曲线尾部拟合结果

之后，根据实际得到的系数 α 和 λ 对式(4.9)积分得到 W_3，如式(4.11)所示。根据式(4.6)~式(4.11)计算的 W_0、W_2 和 W_3 的结果见表 4.3。

$$W_3 = \int_{\delta_0}^{+\infty} \alpha \delta^{-\lambda} \, \mathrm{d}\delta = \frac{\alpha}{(\lambda-1) \cdot \delta_0^{\,\lambda-1}} \tag{4.11}$$

综上所述，最终断裂能表达式为式(4.12)。断裂能计算结果见表 4.4。

$$G_F = \frac{W}{A} = \frac{W_0 + W_1 + W_2 + W_3}{B(D - a_0)} \tag{4.12}$$

式中：W 为外力所做的功；A 为混凝土预制切口梁的韧带面积，是梁横截面积减去预制裂缝切断的面积；B 为试件的厚度；a_0 为预制裂缝的长度。

表 4.3　断裂功 W_0、W_2 和 W_3 计算结果

温度/℃	W_0/(N·mm)	W_0^*/(N·mm)	W_2/(N·mm)	W_3/(N·mm)	R^2/%	W_3^*/(N·mm)	R^{2*}/%
20	1669.86	1645.93	4.46	4.54	96.30	4.47	98.76
200	1789.26	1800.06	5.79	0.21	98.28	0.21	98.90
400	1855.67	1813.68	6.65	0.38	99.62	0.37	97.07
600	629.38	642.34	2.40	0.26	99.27	0.26	99.43
800	255.69	229.90	1.70	0.07	99.19	0.06	97.03

注：带*的数据为 DIC 方法测试的结果。

表 4.4　断裂能和延性指数计算结果

温度/℃	W/(N·mm)	W^*/(N·mm)	A/mm^2	G_F/(N/m)	G_F^*/(N/m)	D_u/m^{-1}	D_u^*/m^{-1}
20	1678.86	1654.86	6000	279.81	275.81	0.082	0.081
200	1795.26	1806.06	6000	299.21	301.21	0.096	0.097
400	1862.70	1820.70	6000	310.45	303.45	0.133	0.130
600	632.04	645.00	6000	105.34	103.5	0.118	0.120
800	257.46	231.66	6000	42.91	38.61	0.103	0.092

注：带*的数据为 DIC 方法测试的结果。断裂能以每组 3 个试件测得的算术平均值作为试验结果，且误差限为 15%，当该测值超过误差限时，该值剔除，按余下测值的平均值作为试验结果。若可用的测值少于 2 个，则该组试验失败，应重做试验。

4.3.3　延性指数的确定

延性指数 D_u 可以评价混凝土抵抗开裂变形的能力。其值越大，混凝土材料的延性越好。延性指数 D_u 的定义为式(4.13)。延性指数计算结果列于表 4.4。

$$D_u = G_F / P_{max} \tag{4.13}$$

式中：G_F 为断裂能，N/m；P_{max} 为最大荷载，kN。

4.3.4　温度对断裂能的影响

图 4.21 为通过 MTS 电液伺服试验机和 DIC 方法分别得到的断裂能 G_F 随温度升高的变化趋势。由图可知，混凝土的断裂能 G_F 随温度的升高存在两个变化阶段：小幅上升→大幅下降。在温度达到 400℃之前，断裂能 G_F 随温度的升高而增大，平均增幅为 9.4%～11.1%。说明在 400℃之前，温度升高，混凝土发生断裂破坏

时消耗的能量增加，即 400℃之前高温使混凝土不易发生断裂破坏。这是由于在温度低于 400℃时，内部游离水的蒸发使混凝土内部的微裂缝数量不断增多。增多的微裂缝将在试件受力过程中同时扩展"竞争"形成主裂缝，每一条微裂缝的扩展都将消耗部分能量。因此，微裂缝的增多使得混凝土在断裂过程中消耗的总能量变大，从而有效提高混凝土的断裂能 G_F。因此，在 400℃之前，微裂缝数量的增多可以提高混凝土的断裂能 G_F。

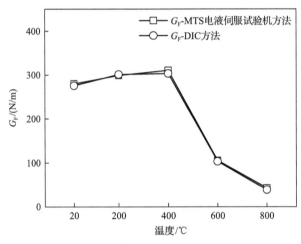

图 4.21　断裂能 G_F 随温度升高的变化趋势

在温度高于 400℃后，断裂能 G_F 随温度的升高明显下降，且 800℃下断裂能 G_F 较常温值减小了 86.2%～86.3%。说明高温使混凝土发生断裂破坏时消耗的能量下降，即 400℃之后高温使混凝土更容易发生断裂破坏。这是由于当温度高于 400℃时，混凝土内部的化学成分开始脱水分解，破坏了混凝土的内部结构。高温损伤积累使得混凝土逐渐疏松劣化，导致试件在受力的过程中微裂缝不再同时扩展"竞争"消耗能量，而是在最薄弱的微裂缝处直接断裂，从而导致混凝土断裂能 G_F 大幅降低。所以在 400℃之后，微裂缝数量的增多降低了混凝土的断裂能 G_F。

对比图 4.21 中两种试验方法得到的断裂能 G_F 可知，随着温度升高，二者趋势基本一致，总体误差不超过 8%。这说明 DIC 方法可以精确地测定混凝土的断裂能 G_F。

4.3.5　温度对延性指数的影响

图 4.22 为通过两种试验方法分别得到的延性指数 D_u 随温度升高的变化趋势。由图可知，混凝土的延性指数 D_u 随温度的升高呈现先上升后下降的变化趋势。在温度低于 400℃时，延性指数 D_u 随温度的升高线性上升，且 400℃下延性指数 D_u 较常温值增加了 61.4%～63.6%。说明在 400℃之前，温度升高混凝土抵抗开裂变

形的能力增强，延性较好。由于高温后混凝土内部必然产生微裂缝，这些微裂缝在试件受力的过程中同时扩展，延长了混凝土从开裂到破坏的时间。故混凝土开裂后的工作能力得到提高，延性变好。

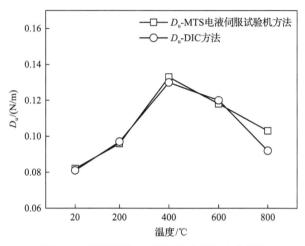

图 4.22　延性指数 D_u 随温度升高的变化趋势

在温度高于 400℃后，延性指数 D_u 随温度的升高明显下降，但 800℃下延性指数 D_u 较常温值提高了 7.5%～12.3%。说明 400℃之后，温度升高混凝土抵抗开裂变形的能力减弱，延性较差。这是由于 400℃之后，混凝土内部化学成分的脱水分解，结构变得疏松劣化。内部微裂缝在试件受力时不会同时扩展，而是选择一条最薄弱的裂缝直接断裂，出现一裂即坏的情况，所以大大降低了混凝土的延性。

对比图 4.22 中两种试验方法得到的延性指数 D_u 可知，随着温度升高，二者的变化趋势基本一致。因为 DIC 方法可以精确测定混凝土的断裂能 G_F，所以延性指数 D_u 的测定也比较精确。

4.3.6　两种试验方法的对比

图 4.23 为通过 MTS 电液伺服试验机得到的断裂能 G_F 和 DIC 方法得到的断裂能 G_F^* 的比值随温度升高的变化趋势。由图可知，G_F/G_F^* 的值随温度的升高在理想值 1 处上下浮动且基本在 0.99～1.11 变化。这表明两种试验方法得到的试验结果很接近。这是因为 MTS 电液伺服试验机是通过压头上的位移传感器来测量试件的挠度 δ 的，DIC 方法是通过散斑测量试件的挠度 δ 的。两种试验方法都不依赖试件表面的完好性。由此也可知，DIC 方法可用来测定混凝土的断裂能 G_F。

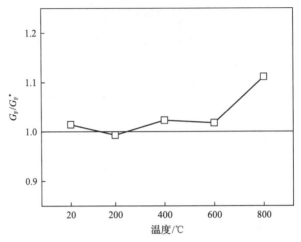

图 4.23   两种方法获得的断裂能之比 G_F/G_F^* 随温度升高的变化趋势

4.4   高温后混凝土等效弯曲韧性分析

弯曲韧性是评价材料基本力学性能的一个重要的指标，其描述了材料在开裂后的带裂缝工作能力以及在变形较大时材料残余强度的大小。近年来，很多学者先后提出了一系列评价材料弯曲韧性的标准和方法。文献[10]基于断裂力学，通过三点弯曲断裂试验测得的 P-CMOD 曲线，提出了等效断裂韧度法来评价混凝土的弯曲韧性。等效断裂韧度的单位与混凝土断裂韧度的单位一致，该评价方法能够描述混凝土开裂后不同变形阶段高温的损伤作用，具有明确的物理意义。

4.4.1   等效断裂韧度

等效断裂韧度 K_n 的计算公式为[10]

$$K_n = \frac{T_{pc}S\sqrt{D}}{\left(n\,CMOD_{ini} - CMOD_{ini}\right)BD^2} \tag{4.14}$$

式中：$CMOD_{ini}$ 为混凝土起裂荷载对应的 CMOD 值；$n\,CMOD_{ini}$ 为混凝土起裂荷载对应的 $CMOD_{ini}$ 的 n 倍，$n=CMOD_c/CMOD_{ini}$, 20, 40, 60；T_{pc} 为 P-CMOD 曲线上对应 $n\,CMOD_{ini}$ 下面积和 $CMOD_{ini}$ 下面积之差。

如图 4.24 所示，试验中 $n\,CMOD_{ini}$ 的取值分别为 $CMOD_c$、$20CMOD_{ini}$、$40CMOD_{ini}$、$60CMOD_{ini}$；T_{pc} 的取值分别为 $T_{pc}(c)$、$T_{pc}(20)$、$T_{pc}(40)$、$T_{pc}(60)$。$T_{pc}(c)$ 为 P-CMOD 曲线上峰值开口位移 $CMOD_c$ 下面积和起裂开口位移 $CMOD_{ini}$ 下面积之差；$T_{pc}(20)$、$T_{pc}(40)$ 和 $T_{pc}(60)$ 分别为 P-CMOD 曲线上 20 倍、40 倍和

60 倍起裂开口位移 $CMOD_{ini}$ 下面积和起裂开口位移 $CMOD_{ini}$ 下面积之差。

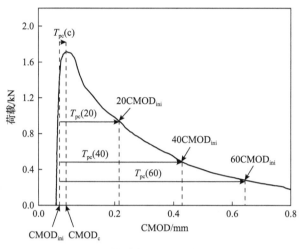

图 4.24　等效断裂韧度计算示意图

通过 CMOD 的值把混凝土开裂后的变形分为四个阶段：微变形阶段、小变形阶段、中变形阶段和大变形阶段。

当 $CMOD_{ini} < CMOD \leqslant CMOD_c$ 时，材料处于微变形阶段。

当 $CMOD_c < CMOD \leqslant 20CMOD_{ini}$ 时，材料处于小变形阶段。

当 $20CMOD_{ini} < CMOD \leqslant 40CMOD_{ini}$ 时，材料处于中变形阶段。

当 $40CMOD_{ini} < CMOD \leqslant 60CMOD_{ini}$ 时，材料处于大变形阶段。

分别将等效断裂韧度 K_c、K_{20}、K_{40} 和 K_{60} 作为表征混凝土在微变形阶段、小变形阶段、中变形阶段和大变形阶段弯曲韧性的一个参数，其值越大，材料的弯曲韧性越好。根据式(4.14)计算的等效断裂韧度列于表 4.5。

表 4.5　等效弯曲韧性计算结果

温度/℃	等效断裂韧度/(MPa·m$^{1/2}$)				等效断裂韧度*/(MPa·m$^{1/2}$)			
	K_c	K_{20}	K_{40}	K_{60}	K_c^*	K_{20}^*	K_{40}^*	K_{60}^*
20	3.12	2.85	2.02	1.47	3.12	2.80	2.01	1.23
200	3.93	3.44	2.40	2.01	3.88	3.31	2.46	2.01
400	4.93	3.50	2.85	2.15	4.98	3.26	2.76	2.18
600	2.43	2.49	1.98	1.48	2.48	2.44	1.78	1.38
800	1.80	1.82	1.65	1.27	1.78	1.76	1.45	1.14

注：带*的数据为 DIC 方法测试的结果。断裂能以每组 3 个试件测得的算术平均值作为试验结果，且误差限为 15%，当该测值超过误差限时，该值剔除，按余下测值的平均值作为试验结果。若可用的测值少于 2 个，则该组试验失败，应重做试验。

4.4.2　温度对混凝土弯曲韧性的影响

图 4.25 为混凝土等效断裂韧度随温度升高的变化趋势。其中，图 4.25(a)是采用激光引伸计测得的试件 P-CMOD 曲线计算得到的等效断裂韧度；图 4.25(b)是采用 DIC 方法测得的 P-CMOD*曲线计算得到的等效断裂韧度。

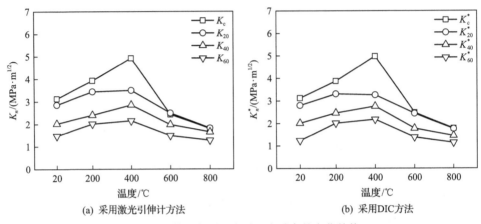

(a) 采用激光引伸计方法　　　　　　　　(b) 采用DIC方法

图 4.25　等效断裂韧度随温度升高的变化趋势

由图 4.25 可知，当温度低于 400℃时，混凝土的等效断裂韧度随温度的升高而增大，因为当温度低于 400℃时，高温对混凝土力学行为的影响主要有两点：①降低混凝土的弹性模量 E；②增大混凝土的 CMOD。因此，增大了混凝土在各个变形阶段的 T_{pc}，各变形阶段的等效断裂韧度也随之提高，其中微变形阶段的等效断裂韧度 K_c 提高最大。

当温度为 400~600℃时，等效断裂韧度随温度的升高而降低。这是由于在这个温度范围内，高温对混凝土力学行为的影响主要有：①降低混凝土的弹性模量 E。②降低混凝土的强度 P。因此，减小了混凝土在各变形阶段的 T_{pc}，各变形阶段的等效断裂韧度也随之减小，其中微变形阶段的混凝土等效断裂韧度 K_c 降低的幅度最大。

当温度高于 600℃时，随着温度升高等效断裂韧度整体变化幅度较小。这是因为，此时高温对混凝土力学行为的影响也主要有两点：①降低混凝土的强度 P；②增大混凝土的 CMOD。混凝土强度的降低将导致各变形阶段 T_{pc} 的减小，而混凝土 CMOD 的增大会使各变形阶段的 T_{pc} 增大。这两种作用的耦合，使得混凝土在各变形阶段的等效断裂韧度变化很不稳定，或者小幅升高，或者保持不变，或者略有下降。

总之，温度对混凝土弯曲韧性的影响主要在微变形阶段和小变形阶段。在中变形阶段和大变形阶段影响不大；当温度高于 600℃时，混凝土弯曲韧性随温度升高几乎没有变化。

参 考 文 献

[1] 徐世烺. 混凝土断裂试验与断裂韧度测定标准方法[M]. 北京: 机械工业出版社, 2010.

[2] 李晓东, 董伟, 吴智敏, 等. 小尺寸混凝土试件双 K 断裂参数试验研究[J]. 工程力学, 2010, 27(2): 166-171, 185.

[3] 徐世烺, 赵国藩. 混凝土断裂力学研究[M]. 大连: 大连理工大学出版社, 1991.

[4] 赵艳华. 混凝土断裂过程中的能量分析研究[D]. 大连: 大连理工大学, 2002.

[5] Jenq Y, Shah S P. Two parameter fracture model for concrete[J]. Journal of Engineering Mechanics, 1985, 111(10): 1227-1241.

[6] 周家聪, 于骁中. 混凝土断裂能[J]. 力学与实践, 1992, 14(5): 49-53.

[7] 徐世烺, 熊松波, 李贺东, 等. 混凝土断裂参数厚度尺寸效应的定量表征与机理分析[J]. 土木工程学报, 2017, 50(5): 57-71.

[8] 钱觉时, 范英儒, 袁江. 三点弯曲法测定砼断裂能的尺寸效应[J]. 重庆建筑大学学报, 1995, 17(2): 1-8.

[9] 张东, 刘娟洧, 陈兵, 等. 关于三点弯曲法确定混凝土断裂能的分析[J]. 建筑材料学报, 1999, 2(3): 206-211.

[10] 邓宗才. 混杂纤维增强超高性能混凝土弯曲韧性与评价方法[J]. 复合材料学报, 2016, 33(6): 1274-1280.

第5章　高温后混凝土与钢筋黏结性能

在钢筋混凝土结构中，钢筋和混凝土之间良好的黏结性能是保证二者能够共同工作的重要基础。当遭遇火灾或处于高温环境之后，钢筋与混凝土之间的黏结性能会发生损伤劣化，从而影响钢筋混凝土构件和结构的承载能力及整体工作性能。因此，研究高温后钢筋与混凝土黏结性能对于建筑物火灾后安全性能评估和加固修复具有重大意义。本章采用混凝土中心拉拔试验，研究经历不同温度之后光圆钢筋和带肋钢筋与混凝土的黏结-滑移曲线变化规律，分析高温后光圆、带肋钢筋与混凝土的黏结性能，并建立相应的黏结-滑移模型。

5.1　试　验　概　况

5.1.1　试验材料

本章所用混凝土试验原材料和配合比同第 2 章。

在拉拔试验中，使用两种钢筋，分别为 HPB300 热轧光圆钢筋和 HRP400 热轧带肋钢筋，具体钢筋性能参数见表 5.1。

表 5.1　钢筋性能参数

钢筋类型	直径/mm	截面面积/mm²	屈服强度/MPa	抗拉强度/MPa	伸长率/%
光圆钢筋	14	153.86	356.5	499.1	20.4
带肋钢筋	14	153.86	473.8	639.4	17.9

5.1.2　试件制备

根据《混凝土物理力学性能试验方法标准》（GB/T 50081—2019）[1]和《水工混凝土试验规程》（DL/T 5150—2017）[2]，中心拉拔试件采用尺寸为 150mm×150mm×150mm 的立方体，如图 5.1 所示。本试验进行了两种钢筋的中心拉拔试验，分别为 HPB300 热轧光圆钢筋和 HRP400 热轧带肋钢筋。中心拉拔试件中钢筋靠近自由端的黏结部分，长度为 5d（5 倍钢筋直径），即 70mm，如图 5.1 所示。

在制备试件之前，对钢筋进行除锈处理，采用一定浓度的酸性较弱的草酸溶液浸泡，每隔 20min 查看钢筋表面锈迹，除锈完毕后用清水对钢筋进行彻底的清洗，然后在室外太阳下快速晾干，在室内干燥环境中保存备用。为了保证黏结长

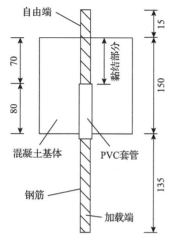

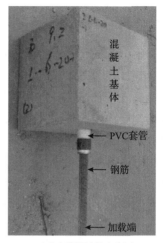

(a) 中心拉拔试件尺寸图(单位：mm)　　　(b) 中心拉拔试件实物图

图 5.1　中心拉拔试件

度的准确性并减小加载端的应力集中，在靠近加载端方向套一段 PVC 管，并用电工胶带对钢筋的特定位置进行缠绕，将缠好的钢筋"穿入"套管内，电工胶带不仅起到固定套管的作用，还对钢筋与套管内壁进行一定程度的封闭，防止浇筑试件时混凝土进入非黏结部分。为了保证试件尺寸、钢筋位置、钢筋角度的准确性，采用沧州中亚试验仪器有限公司生产的标准钢模。将新拌混凝土装入钢模，放到振动台上振捣后，找平地集中静置 20min 之后盖塑料薄膜，24h 后拆模，将裸露钢筋刷油后，立即放入标准养护室养护 28 天。

5.1.3　试验方法

1. 高温试验

高温试验设备和升温制度同第 2 章。混凝土结构或构件在实际受热过程中，热量是由外向内逐渐传递的。如果直接将中心拉拔试件放置于高温箱内进行加热，钢筋由于其快速导热性，温度上升速度远高于混凝土，与实际情况不符。为了尽量符合实际情况，制备了中间预留垂直贯通孔道的隔温立方体试件，尺寸为 150mm×150mm×150mm，贯通孔道直径为 22mm。在高温试验前，首先将拉拔试件的钢筋加载端插入隔温立方体试件的预留孔道内，使钢筋不直接暴露在高温下；其次，将预留孔道的另一端用硅酸铝耐火纤维布(石棉布)密封；同时，在拉拔试件与隔热立方体之间预先放置多层石棉布防止热量从缝隙处渗透；对于拉拔试件的钢筋自由端，用多层石棉布覆盖，以防止钢筋直接暴露于高温之下。

2. 中心拉拔试验

使用沧州中亚试验仪器有限公司生产的 HWG-1 型钢筋混凝土握裹力测定仪作为加载支架，如图 5.2 所示。加载支架上端通过连接杆被夹持在万能试验机的上夹头，加载支架和连接杆之间通过一个球铰连接，用来保证在施加荷载时试件的对中和均匀受力。拉拔试件的钢筋加载端从加载支架的下端穿出，并夹持在万能试验机的下夹头。加载试验机采用济南天辰试验机制造有限公司生产的 100kN 计算机控制电子万能试验机。加载方式参考《混凝土物理力学性能试验方法标准》(GB/T 50081—2019)[1]和《水工混凝土试验规程》(DL/T 5150—2017)[2]，采用位移控制，光圆钢筋中心拉拔试件的加载速率为 0.2mm/min，带肋钢筋中心拉拔试件的加载速率为 0.5mm/min。位移计(溧阳市仪表厂 YHD-30 型)布置于中心拉拔试件的钢筋自由端，数据线直接与东华 DH5929 动态应变仪器相连，动态应变仪与计算机相连，实时采集位移变化。

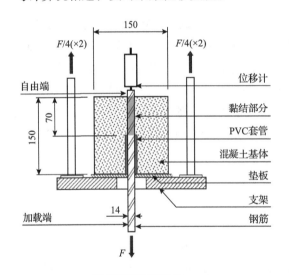

(a) 试验装置示意图(单位：mm)　　　　(b) 试验装置实物图

图 5.2　中心拉拔试验装置

5.2　高温后光圆钢筋与混凝土的黏结性能研究

本节研究高温后光圆钢筋与混凝土之间的黏结破坏过程，分析黏结破坏各个阶段的受力特点，讨论高温对黏结-滑移曲线和极限黏结应力的影响规律。

5.2.1 黏结-滑移曲线

1. 典型黏结-滑移曲线

冀晓东等[3]认为，光圆钢筋和混凝土的黏结力由三部分构成：①钢筋与混凝土中水泥基体的胶结力；②钢筋与混凝土的机械咬合力；③钢筋与混凝土的摩擦力。因此，光圆钢筋和混凝土的黏结作用如式(5.1)所示。

$$P = F_p + F_j + F_f \tag{5.1}$$

式中：P 为加载端拉拔力；F_p 为钢筋和水泥基体的化学胶结力；F_j 为钢筋与混凝土的机械咬合力；F_f 为钢筋与混凝土的滑动摩擦力。

根据中心拉拔试验测得的拉拔力，采用式(5.2)计算光圆钢筋与混凝土之间的平均黏结应力。

$$\tau = \frac{P}{\pi d l} \tag{5.2}$$

式中：τ 为平均黏结应力，MPa；P 为加载端拉拔力，kN；d 为光圆钢筋直径，mm；l 为钢筋与混凝土黏结长度，mm。

将平均黏结应力和钢筋自由端的滑移量进行组合，可得到光圆钢筋与混凝土的黏结-滑移曲线。由本试验测得的黏结-滑移曲线以及其他研究人员的研究成果[3]可知，光圆钢筋与混凝土的典型黏结-滑移曲线如图 5.3 所示。由图可知，黏结-滑移曲线可以分为四个阶段[3]：①线性上升阶段 OA（黏结-滑移曲线近似直线上升）；②局部脱黏阶段 AB（黏结-滑移曲线非线性上升并逐渐达到峰值点）；③破坏阶段 BC（黏结-滑移曲线从峰值点快速下降到曲线开始缓慢下降）；④残余阶段 CD（黏结-滑移曲线缓慢下降或几乎不下降，直至试验停止）。

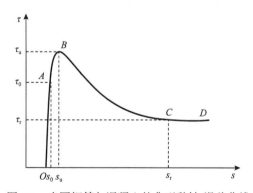

图 5.3　光圆钢筋与混凝土的典型黏结-滑移曲线

（1）线性上升阶段（OA 段）：由于荷载较小，钢筋滑移量很小。此时，钢筋和混凝土之间的黏结接触面未脱开，黏结力主要由钢筋和水泥基体的化学胶结力 F_p 构成，加载端拉拔力 $P=F_p$。对于光圆钢筋，此时的机械咬合力 F_j 很小，可以忽略。化学胶结力提供的黏结力有限，因此该阶段的黏结应力和滑移变形量均较小，且滑移量相对更小，黏结-滑移曲线在该阶段的斜率较大且近似呈竖直向上的直线。

（2）局部脱黏阶段（AB 段）：随着荷载增大，黏结力呈非线性增加。此时，黏结力沿钢筋黏结长度方向出现不均匀分布[4]，靠近加载端方向的黏结接触界面产生"局部脱黏"现象，该现象逐渐向自由端发展。对于光圆钢筋，表面即使再"光滑"也会存在一定的凹凸不平。在局部脱黏时，这些小的凹凸区域还会与混凝土基体产生一定的机械咬合力。同时，钢筋在局部脱黏部位的小幅滑移还会引起一定的摩擦力。因此，在局部脱黏阶段，黏结力主要由未脱黏区的化学胶结力 F_p、局部脱黏区的机械咬合力 F_j 和摩擦力 F_f 构成，此时加载端拉拔力 $P=F_p+F_j+F_f$。但是，光圆钢筋在局部脱黏区的机械咬合力和摩擦力仍然是有限的。因此，当荷载继续增大时，黏结力仅小幅上升就达到峰值。

（3）破坏阶段（BC 段）：黏结力从峰值迅速减小，钢筋滑移量显著增加，当钢筋滑移量增加到一定程度后，黏结力的减小程度又逐渐变得缓慢。在该阶段，钢筋和混凝土基体之间几乎完全脱黏，黏结力主要由机械咬合力 F_j 和滑动摩擦力 F_f 构成，此时加载端拉拔力 $P=F_j+F_f$。对于光圆钢筋，机械咬合力和摩擦力的大小主要与钢筋和混凝土黏结接触面的粗糙程度有关。随着钢筋被逐渐拔出，钢筋与混凝土黏结接触面被逐渐磨平，粗糙度逐渐降低，并且钢筋与混凝土基体的挤压作用也在钢筋拔出过程中逐渐减弱。因此，在该阶段，机械咬合力和摩擦力损失严重，黏结力快速下降。

（4）残余阶段（CD 段）：钢筋经过前面三个阶段的移动，机械咬合力 F_j 基本已经全部失效，该阶段黏结力主要由钢筋和混凝土之间的滑动摩擦力构成，加载段拉拔力 $P=F_f$。该阶段黏结力下降缓慢并趋于定值。这是因为此时钢筋与混凝土接触面的"粗糙形貌"基本被磨平，钢筋与混凝土之间的摩擦系数 μ 基本恒定。

综上所述，光圆钢筋与混凝土之间的黏结力主要以胶结力为主，而机械咬合力和摩擦力相对较小。因此，光圆钢筋与混凝土的极限黏结应力和滑移量均较小。

2. 高温后黏结-滑移曲线

图 5.4 给出了不同温度后试验测得的光圆钢筋与混凝土的黏结-滑移曲线。由图可知，当温度为 20℃、200℃和 400℃时，黏结-滑移曲线的特征基本相似，峰值点处的黏结应力以及对应的滑移量相差不大，曲线的总体走势均起伏较大。曲线上升段近似呈竖直向上的直线，在较小滑移量下迅速达到峰值，之后黏结-滑移曲线又迅速下降，最后逐渐趋于水平直线。当温度为 600℃和 800℃时，黏结-滑

移曲线趋于平缓,峰值点处的黏结应力随温度的升高显著降低,对应的滑移量随温度的升高显著增加。

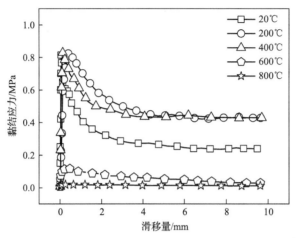

图 5.4 不同温度后试验测得的光圆钢筋与混凝土的黏结-滑移曲线

当温度为 20℃、200℃和 400℃时,黏结-滑移曲线的 OA 段和 AB 段非常相近,且具有较高的黏结性能。这是因为在该温度下高温损伤程度较小,钢筋与混凝土的黏结接触区均较为密实,如图 5.5(a)所示。当温度为 600℃时,黏结-滑移曲线的 OA 段和 AB 段很短,800℃时曲线几乎没有 OA 段和 AB 段。这是因为该温度下高温损伤严重,钢筋与混凝土的黏结接触区域越来越疏松,如图 5.5(b)和(c)所示。此时,钢筋和混凝土之间的胶结力损失殆尽,而机械咬合力和摩擦力也很小。在试验过程中,发现部分经过 800℃高温后的中心拉拔试件自然冷却之后,光圆钢筋稍微一碰就会活动甚至直接从试件中自行掉落。

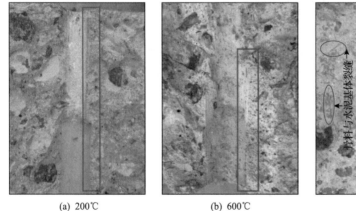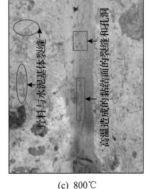

(a) 200℃ (b) 600℃ (c) 800℃

图 5.5 不同温度后混凝土黏结表面的形貌图

　　与 20℃和 400℃相比，200℃时黏结-滑移曲线峰值点处的黏结应力略高，对应的滑移量也略大。这是因为在中低温区间(100～300℃)时，由于水泥浆的孔隙率较小，水蒸气的释放受到抑制，在混凝土内部形成了一个蒸压养护环境，促进了残余水泥颗粒的二次水化[5]。二次水化不仅增强了黏结接触面的强度，还使黏结接触面更加密实，提高了钢筋与混凝土的黏结性能。

　　当温度为 20℃、200℃和 400℃时，黏结-滑移曲线的 *BC* 段和 *CD* 段要明显高于温度为 600℃和 800℃时的 *BC* 段和 *CD* 段。在此阶段黏结力以滑动摩擦力为主，钢筋与混凝土摩擦面越粗糙、相互挤压越紧，动摩擦力越高，黏结应力越大。当温度为 20℃、200℃和 400℃时，钢筋与混凝土的黏结接触面仍具有较高的强度和密实度，所以钢筋与混凝土摩擦面更不容易“磨平”，而且使钢筋与混凝土在拉拔过程中挤得更紧。因此，该温度下得到的摩擦力 F_f 更大。

5.2.2　高温后极限黏结应力

　　极限黏结应力是指钢筋与混凝土之间的最大黏结应力，它反映黏结强度的大小。不同温度作用后极限黏结应力及其损失率如图 5.6 所示。由图可知，随着温度的升高极限黏结应力呈现出先增大后减小的趋势，200℃时达到最大值，600℃和 800℃极限黏结应力损失最为严重。这是因为 200℃时混凝土基体中未水化颗粒发生了二次水化，使混凝土的抗压强度和抗拉强度增强，从而提高了钢筋与混凝土基体的胶结力，使混凝土对钢筋的包裹作用更强，极限黏结应力最大。而 600℃和 800℃时的极限黏结应力迅速下降，是因为混凝土内部的部分水化产物分解造成机械咬合力减小，钢筋表面的水泥浆颗粒随着荷载和滑移的增加逐渐被“磨平”，最终造成极限黏结应力下降最快，即极限黏结应力损失率达到最大。

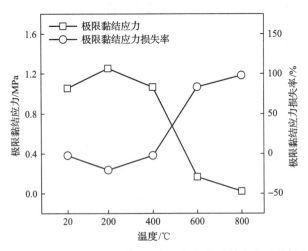

图 5.6　不同温度后光圆钢筋与混凝土的极限黏结应力及其损失率

5.3　高温后带肋钢筋与混凝土的黏结性能研究

本节研究高温后带肋钢筋与混凝土之间的黏结破坏过程，分析拉拔试件的破坏形式和拉拔破坏过程中各阶段的受力特点，讨论温度对黏结-滑移曲线和极限黏结应力的影响规律，建立高温后带肋钢筋与混凝土的黏结-滑移本构关系。

5.3.1　试件破坏形式

带肋钢筋拉拔试件的破坏形式主要有四种类型。

第一类为劈裂破坏，如图 5.7 所示。发生劈裂破坏的试件从变形钢筋两侧向外裂开，形成一条或两条贯通的裂缝，如图 5.7(a)～(c)所示。观察开裂后拉拔试件的黏结部分，如图 5.7(d)所示，发现混凝土基体上黏结接触面破坏较轻，黏结接触面大部分保持原有形貌，说明此类破坏形式中钢筋与混凝土的黏结性能未能充分发挥出来。对于此类破坏形式，当试验机达到最大荷载时，混凝土试件突然发生脆性破坏，同时发出较大声响，试验机施加荷载迅速降到最低。

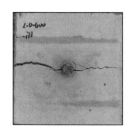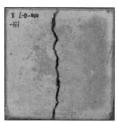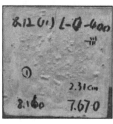

| (a) 自由端破坏后 | (b) 左侧面 | (c) 右侧面 | (d) 钢筋-混凝土接触面 |

图 5.7　劈裂破坏

第二类为劈裂-剪切破坏，如图 5.8 所示。随着荷载的增大，混凝土内部产生裂缝并逐渐扩展到混凝土试件表面。当荷载达到最大时，虽然试件表面会产生多条裂缝，但是裂缝很细，通常情况下不会贯通试件，没有出现劈裂破坏形式中的明显开裂，如图 5.8(a)～(c)所示。试验结束后将试件劈开，可以发现混凝土黏结接触面受到钢筋刮擦比较严重，但也没有造成彻底的破坏，如图 5.8(d)所示。对于此类破坏形式，在试验过程中，可以听到钢筋和混凝土之间的挤压声，也可以听到试件开裂的声音。

第三类为剪切破坏或拔出破坏，如图 5.9 所示。在试验过程中，裂缝没有在拉拔试件侧面出现或者很少出现，试件从开始加载到试件破坏，全程基本上没有大的声响，试件表面几乎没有新生裂缝，试件完整性良好，如图 5.9(a)～(c)所示。在达到极限荷载之后，荷载随滑移量的增加而逐步减小。试验结束后劈开试件可以看到钢筋肋间残留有被"剪坏"的硬化水泥浆体，混凝土黏结接触面被严重破坏，已经无法看出原貌，如图 5.9(d)所示。相对于前两种破坏类型，第三种破坏类型钢筋与混凝土的黏结性能得到了充分发挥，且试件破坏为塑性破坏。

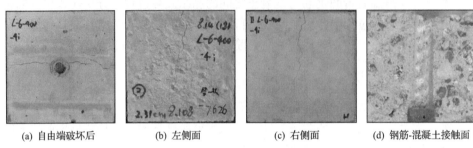

| (a) 自由端破坏后 | (b) 左侧面 | (c) 右侧面 | (d) 钢筋-混凝土接触面 |

图 5.8　劈裂-剪切破坏

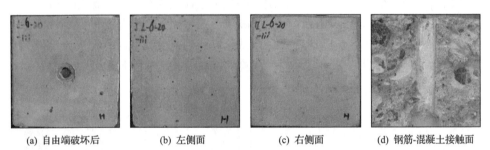

| (a) 自由端破坏后 | (b) 左侧面 | (c) 右侧面 | (d) 钢筋-混凝土接触面 |

图 5.9　拔出破坏

第四类为钢筋屈服破坏。这种情况主要发生于钢筋和混凝土之间的黏结力远大于钢筋所能承受的拉力或者拉拔试件设计黏结长度太长时，拉拔试验过程中还没有达到极限黏结应力，钢筋就会发生断裂，这种破坏形式下钢筋与混凝土的黏结性能没有充分发挥出来。本试验中所选基体混凝土强度不高，因此没有出现这种情况。

由本节中心拉拔试验结果可知，高温后带肋钢筋拉拔试件的破坏形式全部为前三种类型，其中主要以第二种和第三种破坏类型为主。

5.3.2　黏结-滑移曲线

1. 典型黏结-滑移曲线

带肋钢筋与混凝土的黏结力也由三部分构成[6]：①水泥基体黏结在钢筋表面上形成的化学胶结力；②带肋钢筋表面的凹凸与混凝土形成的机械咬合力；③由于混凝土包裹和挤压钢筋，在钢筋拉拔过程中产生的摩擦力。摩擦力与钢筋和混凝土接触面的摩擦系数以及受到的压力有关。

根据中心拉拔试验测得的拉拔力，采用式(5.2)计算带肋钢筋与混凝土之间的平均黏结应力。将平均黏结应力与钢筋滑移量进行组合，可得到带肋钢筋与混凝土的黏结-滑移曲线。图 5.10 为带肋钢筋与混凝土的典型黏结-滑移曲线，根据试验现象和曲线特征，并参考其他研究人员的研究成果[7,8]，将带肋钢筋与混凝土的黏结-滑移曲线也分成四个阶段。

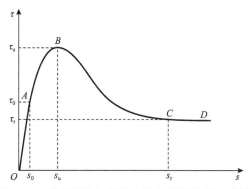

图 5.10　带肋钢筋与混凝土的典型黏结-滑移曲线

(1)线性上升阶段(OA 段)：荷载和钢筋滑移量均较小，带肋钢筋与混凝土之间的黏结力主要由胶结力 F_p 和机械咬合力 F_j 构成，加载端拉拔力 $P=F_p+F_j$。与光圆钢筋相比，带肋钢筋与混凝土的机械咬合力显著提高，因此带肋钢筋在该阶段的黏结应力和滑移变形量均增大，且滑移量增大更显著，黏结-滑移曲线在该阶段的线性特征更清楚明显。

(2)局部脱黏阶段(AB 段)：随着荷载的增大，黏结-滑移曲线的斜率逐渐降低，呈非线性增长，如图 5.10 所示。在此阶段，钢筋与混凝土开始产生一定的相对滑移，加载端方向黏结段的胶结力开始破坏，并向自由端方向发展。而机械咬合力由于钢筋和肋前混凝土的挤压作用而进一步提高。同时，钢筋在局部脱黏部位的小幅滑移还会产生一定的摩擦力。此时，钢筋与混凝土的黏结力由未脱黏区域的胶结力 F_p、整个黏结段的机械咬合力 F_j 和脱黏区域的摩擦力 F_f 三部分构成，加载端拉拔力 $P=F_p+F_j+F_f$，如图 5.11 所示。此外，带肋钢筋斜向挤压混凝土使混凝土环向受拉，导致混凝土沿径向开裂，如图 5.11 所示。随着荷载继续增大，钢筋滑移量逐渐增加，黏结力逐渐达到极值，沿混凝土径向的裂缝不断扩展，甚至延伸到试件表面，拉拔试件即将发生破坏。此时，胶结力几乎完全损失，黏结力主要由机械咬合力 F_j 和摩擦力 F_f 构成。

(3)破坏阶段(BC 段)：黏结力达到极限值之后开始迅速下降，钢筋滑移的速度加快，说明钢筋肋前混凝土被逐渐挤碎，肋间咬合齿逐渐被剪断。此时黏结力完全由机械咬合力 F_j 和摩擦力 F_f 构成，加载端拉拔力 $P=F_j+F_f$。带肋钢筋挤压混凝土产生的径向分力使混凝土环向受拉程度进一步加重，裂缝进一步发展。当黏结力下降到一定数值后，黏结-滑移曲线的下降逐渐减缓。说明与钢筋咬合的混凝土逐渐被"磨平"，机械咬合力显著降低。此时，黏结力几乎只剩下带肋钢筋与混凝土基体之间的摩擦力 F_f，如图 5.12 所示。

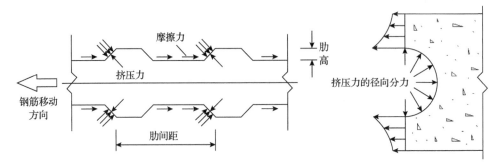

图 5.11　带肋钢筋与混凝土的黏结作用示意图

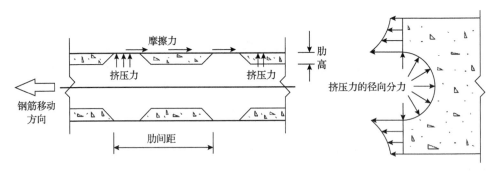

图 5.12　带肋钢筋与混凝土的摩擦作用示意图

(4)残余阶段(CD 段)：黏结-滑移曲线下降缓慢或者呈水平趋势，但依然还有一定的黏结力。说明此时钢筋与混凝土的机械咬合力完全损失，黏结力仅由二者之间的摩擦产生。

综合分析带肋钢筋与混凝土黏结破坏过程的受力特点，发现二者黏结力主要依靠带肋钢筋与混凝土基体的机械咬合作用。机械咬合作用是通过钢筋对肋前混凝土的水平抗挤压作用和径向抗挤压作用共同实现的。水平抗挤压作用使混凝土抵抗钢筋的滑移，径向挤压作用使混凝土基体紧紧包裹钢筋，起到环向约束的作用。混凝土的抗压强度主要抵抗钢筋的水平挤压作用，阻碍钢筋移动，要"挤得紧"；而混凝土的抗拉强度主要抵抗环向受拉作用，要"包得住"。只有两方面共同发挥作用，才能使钢筋与混凝土的黏结性能得到充分发挥。因此，变形钢筋与混凝土的黏结性能很大程度上是由混凝土基体的抗压强度和抗拉强度共同决定的。

2. 高温后黏结-滑移曲线

图 5.13 给出了不同温度后试验测得的带肋钢筋与混凝土的黏结-滑移曲线。由图可知，带肋钢筋与光圆钢筋相比，其黏结-滑移曲线更加饱满，尤其是上升阶段（OA 段和 AB 段），上升阶段的黏结应力和滑移量均明显增大。当温度为 20℃、200℃和 400℃时，黏结-滑移曲线的走势起伏较大，峰值点对应的黏结应力较高，峰值之后又大幅回落。当温度为 600℃和 800℃时，黏结-滑移曲线逐渐变平缓。在 20～800℃的整个温度范围内，峰值黏结应力随温度的升高呈现出先增大后减小的趋势，在 200℃时达到最大。

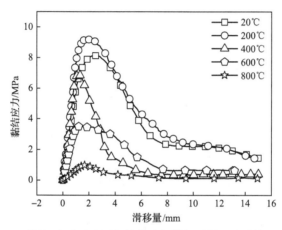

图 5.13　不同温度后试验测得的带肋钢筋与混凝土的黏结-滑移曲线

由图 5.13 还可知，当温度为 20℃、200℃和 400℃时，黏结-滑移曲线的线性上升段 OA 段相差不大，此阶段黏结力主要由胶结力和机械咬合力构成，这表明在此阶段温度对胶结力和机械咬合力的影响不大。这是因为在 20～400℃时温度对混凝土基体造成的损失有限，对胶结力的破坏较小，并且在 OA 段钢筋滑移变形较小时混凝土机械咬合力的损失也不大，所以在 OA 段 20～400℃时的黏结-滑移曲线几乎重合。当温度为 600℃时，黏结-滑移曲线 OA 段较 20～400℃时缩短了很多，说明 600℃高温对胶结力产生了较大的破坏。800℃时几乎没有出现 OA 段，这说明 800℃高温作用后钢筋与混凝土之间的胶结力基本损失殆尽，因此较高温度对胶结力影响较大。

随着滑移量的逐渐增加，曲线进入 AB 段。可以看出，与 20℃时相比，200℃黏结应力有明显提高。这是因为 200℃时高温促使混凝土内部形成二次水化作用，提高了混凝土的致密性，从而提高了混凝土的抗压强度和抗拉强度。而由前面的分析可知，带肋钢筋黏结应力的大小由混凝土的抗拉强度和抗压强度共同决定，因此 200℃时黏结应力明显提高。当温度为 400℃时，*AB* 段的黏结应力开始逐渐减小，这是因为此时混凝土内部氢氧化钙和部分水化产物开始分解，从而降低了混凝土的抗压性能和抗拉性能。当温度为 600℃和 800℃时，其黏结应力显著降低，主要原因是高温造成混凝土抗压强度严重降低。

进入 *BC*、*CD* 段，20℃和 200℃时的黏结应力相差不大，但大于 400℃时的黏结应力。在 *BC*、*CD* 段，黏结力主要由摩擦力构成，而摩擦力的大小由钢筋和混凝土之间的摩擦面粗糙程度和挤压力决定。由于 20℃和 200℃时混凝土具有较高的基体强度，使混凝土更加紧地"包裹"住摩擦面，从而产生大的挤压力，同时使混凝土基体在拉拔过程中更难被"磨平"，具有更高的摩擦系数。600℃、800℃时，由于高温损伤严重，*BC* 段和 *CD* 段的黏结应力远小于 20℃和 200℃时。

5.3.3 高温后极限黏结应力

不同温度后带肋钢筋与混凝土的极限黏结应力如图 5.14 所示。由图可知，极限黏结应力随温度的升高呈现出先增大后减小的趋势，200℃时达到极值。通过前面的讨论可知，黏结应力要受到抗压强度和抗拉强度的共同影响，200℃时混凝土由于二次水平作用提高了基体抗压强度和抗拉强度，基体更加致密，从而 200℃时极限黏结应力达到最大。当温度为 600℃和 800℃时，极限黏结应力的损失较大，分别损失了常温时的 60%、90%左右。在此温度区间，混凝土受到的高温损伤比较严重，且高温致使混凝土基体水化产物分解加重、内部微裂缝增多、基体疏松劣化，极大地降低了混凝土的抗压强度和抗拉强度，尤其是抗压强度，使机械咬合力大大降低，从而大大降低了极限黏结应力。

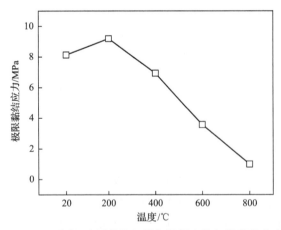

图 5.14   不同温度后带肋钢筋与混凝土的极限黏结应力

5.3.4 黏结-滑移本构关系

参考 Eligehausen 等[9]提出的钢筋与混凝土的黏结-滑移本构模型,结合本试验实测的黏结-滑移曲线,提出适用于高温后钢筋与混凝土的黏结-滑移本构模型,如式(5.3)所示。本模型对应典型黏结-滑移曲线(图 5.10)的四个阶段建立分段函数模型。

$$\tau = \begin{cases} \dfrac{0.8\,\tau_u}{s_0}s & 0 \leqslant s < s_0 \\[2mm] -\dfrac{\tau_u}{s_u^2}s^2 + 2\dfrac{\tau_u}{s_u}s & s_0 \leqslant s < s_u \\[2mm] \tau_u - \dfrac{\tau_u - \tau_r}{s_u - s_r}(s - s_r) & s_u \leqslant s < s_r \\[2mm] \tau_r & s \geqslant s_r \end{cases} \tag{5.3}$$

式中:τ 为黏结应力;τ_0 为初始黏结应力,对应直线上升阶段的终点 A,如图 5.10 所示,取 $\tau_0 = 0.8\tau_u$;τ_u 为极限黏结应力,对应黏结-滑移曲线的峰值点 B,如图 5.10 所示;τ_r 为残余黏结应力,对应破坏阶段的终点 C,如图 5.10 所示;s_0 为初始黏结应力(A 点处)对应的滑移量;s_u 为极限黏结应力(B 点处)对应的滑移量;s_r 为残余黏结应力(C 点处)对应的滑移量。

利用本节建立的模型(式(5.3))进行计算,得到黏结-滑移理论曲线,与试验测得的数据进行对比,如图 5.15 所示。由图可以看出,该黏结-滑移本构模型具有较好的拟合效果。

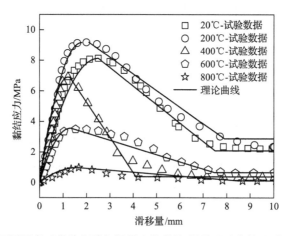

图 5.15　不同温度后带肋钢筋与混凝土的黏结-滑移理论曲线和试验曲线对比

5.4 高温后带肋钢筋黏结破坏过程的能量分析

5.4.1 黏结破坏过程的能量守恒及能量耗散特征

钢筋与混凝土的黏结破坏是一个功能转化的过程，拉拔力所做的功全部用来引起黏结界面内能的变化，其能量守恒的实质是拉拔力做功产生的机械能 W 与界面内能变化量 ΔE 之间的平衡，可用式(5.4)表示。

$$W = \Delta E \tag{5.4}$$

式中：界面内能变化量 ΔE 与弹性变形能 E_e、塑性变形能 E_p、表面能 E_b 以及辐射能 E_m 之间存在一定的相互关系，可用式(5.5)表示。

$$\Delta E = f\left(E_e, E_p, E_b, E_m\right) \tag{5.5}$$

随着拉拔力的变化，其产生的机械能不断变化，导致界面内能也在不断发生改变，因此黏结破坏是一个动态的能量守恒过程。根据非平衡态热力学理论分析[10]，认为在黏结破坏过程中，当滑移量很小时，裂缝几乎没有出现，界面热力学状态不会发生改变，界面表现为吸收能量的特点，拉拔力所做的功以弹性变形能的形式储存在界面内；当滑移量增加，裂缝开始发展且发展不迅速时，界面热力学状态也不发生改变，界面表现为吸收能量的特点，拉拔力所做的功主要以耗散能的形式储存在界面内；当滑移量继续增加，裂缝发展程度较大时，界面热力学状态发生突变，界面表现为能量释放的特点，储存的能量释放出来，导致失稳破坏。其中，由于黏结-滑移曲线中 OA 段呈直线上升段，可将 OA 段视为弹性段，其在能量吸收中表现为弹性变形能 E_e。耗散能 E_h 的表达式如式(5.6)所示。

$$E_h = G\left(E_e, E_p, E_m\right) \tag{5.6}$$

5.4.2 弹性变形能与耗散能的计算

由 5.4.1 节分析可知，钢筋混凝土发生黏结破坏的过程中，能量的形式主要分为耗散能和弹性变形能两类。结合高温后玄武岩纤维混凝土与钢筋的黏结滑移本构模型(式(5.3))，得到 AB 段弹性变形能计算式(5.7)。通过式(5.7)的结果，可得耗散能的计算式如式(5.8)所示。

$$E_e = \frac{1}{2}\tau_0 \cdot s_0 \tag{5.7}$$

$$E_h = E_i - E_e = \int_0^{s_i} \tau \mathrm{d}s - \frac{1}{2}\tau_0 \cdot s_0 \tag{5.8}$$

式中：τ_0 为初始黏结应力，根据黏结滑移本构模型(式(5.3))及文献[11]，初始黏结应力是极限黏结应力的 80%，即 $\tau_0 = 0.8\tau_u$；s_0 为 τ_0 所对应的滑移量；s_i 为黏结滑移曲线中任意一点的滑移量。

拉拔试验整个过程中黏结-滑移曲线所包围的面积，称为本构破坏能，计算式如式(5.9)所示。

$$E = \int_0^s \tau \mathrm{d}s = \int_0^{s_0} \tau \mathrm{d}s + \int_{s_0}^{s_u} \tau \mathrm{d}s + \int_{s_u}^{s_r} \tau \mathrm{d}s + \int_{s_r}^s \tau \mathrm{d}s \tag{5.9}$$

式中：s_u 为极限黏结应力 τ_u 所对应的滑移量，mm；s_r 为残余黏结应力 τ_r 所对应的滑移量，mm。

5.4.3　基于本构破坏能的黏结性能影响分析

鉴于能量分析法考虑了黏结应力和滑移量对黏结性能的共同影响，因此从能量的角度分析黏结性能的优劣。结合式(5.7)~式(5.9)，定义钢筋混凝土黏结界面的储能能力为能量累积率，如式(5.10)所示。

$$\kappa = \frac{E_{hi}}{E} = \frac{\displaystyle\int_0^{s_i} \tau \mathrm{d}s - \frac{1}{2}\tau_0 \cdot s_0}{\displaystyle\int_0^{s_0} \tau \mathrm{d}s + \int_{s_0}^{s_u} \tau \mathrm{d}s + \int_{s_u}^{s_r} \tau \mathrm{d}s + \int_{s_r}^s \tau \mathrm{d}s} \tag{5.10}$$

将 5.3.4 节中高温后带肋钢筋与混凝土的黏结-滑移本构关系(式(5.3))代入式(5.10)，得到能量累积率的计算式(5.11)：

$$\kappa = \begin{cases} \dfrac{0.8\tau_u(s^2 - s_0^2)}{2s_0 \cdot E}, & 0 \leqslant s < s_0 \\[3mm] \dfrac{\tau_u\left[3s_u(s^2 - s_0^2) - s^3 + s_0^3\right]}{3s_u^2 \cdot E}, & s_0 \leqslant s < s_u \\[3mm] \dfrac{\tau_u\left[3s_u(s^2 - s_0^2) - s_u^3 + s_0^3\right]}{3s_u^2 \cdot E} + \dfrac{(\tau_u - \tau_r)(s - s_u)^2 + \tau_u(s - s_u)(s_u - s_r)}{(s_u - s_r) \cdot E}, & s_u \leqslant s < s_r \\[3mm] \dfrac{\tau_u\left[3s_u(s^2 - s_0^2) - s_u^3 + s_0^3\right]}{3s_u^2 \cdot E} + \dfrac{\tau_r(s - s_u)}{E}, & s \geqslant s_r \end{cases}$$

$$\tag{5.11}$$

式中：E 选取某一条件下试件的最大本构破坏能。

根据式(5.11)绘制高温后能量累积率示意图，如图 5.16 所示。由图可知，伴随着能量的转化，界面所处的状态也在不断发生变化。总体来说，可以分为以下四个阶段。

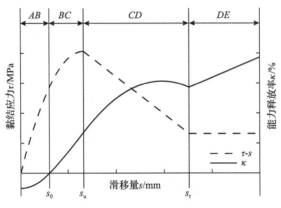

图 5.16　黏结破坏过程中能量累积率示意图

(1)稳定阶段(AB 段)：能量累积由化学胶结力提供，此时能量表现为弹性变形能，耗散能为零。对应于黏结-滑移曲线的微滑阶段 AB 段。

(2)亚稳定阶段(BC 段)：能量累积由机械咬合力和摩擦力提供，界面稳定且没发生突变。此时能量表现为耗散能，耗散能累积越来越大。对应于黏结-滑移曲线的滑移阶段 BC 段。

(3)失稳阶段(CD 段)：能量累积由机械咬合力和摩擦力提供，界面不稳定且发生突变，能量从储能转变为放能。对应于黏结-滑移曲线的破坏阶段 CD 段。

(4)新稳定阶段(DE 段)：能量累积由滑动摩擦力提供，界面进入新的稳定阶段，耗散能累积呈现较平稳上升趋势。对应于黏结-滑移曲线的残余阶段 DE 段。

图 5.17 给出了不同温度后试件在黏结破坏过程中的能量累积率。从图中可以看出，不同温度下，拉拔全过程的能量累积率是不同的，钢筋与混凝土界面稳定性发生突变的能量累积以及滑移值是不同的。

5.4.4　讨论

为了深入分析温度对能量累积的影响，下面将通过对不同阶段能量累积率及累积速率的讨论，分析能量对钢筋混凝土黏结性能的影响。由于高温后各纤维掺量试件的弹性变形能累积相近，故不对稳定阶段 AB 段进行分析。

1. 能量累积速率

根据图 5.17，定义能量累积速率为单位滑移增量对应的能量累积率，如式(5.12)

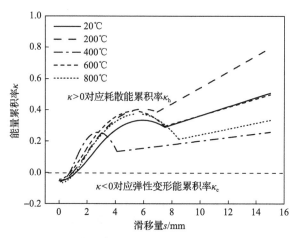

图 5.17 不同温度后试件黏结破坏过程的能量累积率

κ_h 表示耗散能累积率；κ_e 表示弹性变形能累积率

所示，能量累积速率越大，说明界面损伤发展越慢，黏结性能削弱越慢。

$$\kappa_v = \lim_{\Delta s \to 0} \frac{\Delta \kappa}{\Delta s} \tag{5.12}$$

1）亚稳定阶段 BC 段的能量累积速率

图 5.18 是不同温度后试件亚稳定阶段 BC 段能量累积速率变化图。从图中可以发现，随着温度升高，BC 段能量累积速率先增大后减小，表明此阶段试件界面损伤速度随温度升高先减慢后加快，黏结性能先增强后减弱。BC 段能量累积速率在 400℃达到最大，表明 400℃时界面损伤速度最慢，试件黏结性能最强。

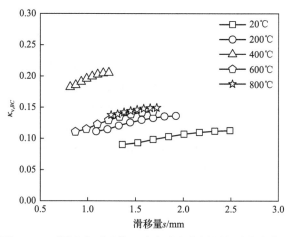

图 5.18 不同温度后试件亚稳定阶段能量累积速率变化图

2) 失稳阶段 CD 段的能量累积速率

定义储能到放能的临界值为 CD 段能量累积峰值,如图 5.16 中 CD 段的顶点,其能量累积速率为 0。图 5.19 是不同温度后试件失稳阶段 CD 段的能量累积速率变化图,图中曲线与虚线相交处表示 CD 段能量累积峰值。

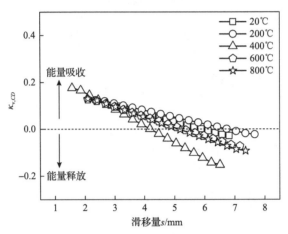

图 5.19　不同温度后试件失稳阶段能量累积速率变化图

由图 5.19 可看出,在 CD 段能量累积峰值之前的储能阶段,随着温度的升高,CD 段能量累积速率先增大后减小,表明此阶段试件界面损伤速度随温度升高先减慢后加快,黏结性能先增强后减弱。

在 CD 段能量累积峰值之后的放能阶段,随着温度升高,能量释放速率的变化规律与储能阶段的能量累积速率相同,即试件吸收能量的能力越强,其释放能量的能力越弱。

2. 基于 CD 段能量累积峰值和时间效应的延性性能分析

上述分析表明,拉拔试件虽在储能阶段表现出优良的黏结性能,但在放能阶段,其不一定会表现出较好的黏结性能。因此,通过对 CD 段能量累积峰值与其对应的滑移值进行综合分析,来评估试件拉拔后期延性性能的优劣。

随着拉拔过程中滑移量的不断变化,能量累积率也不断变化。不难发现,滑移量的不断增大与时间存在一定的函数关系,如式 (5.13) 所示。结合式 (5.13),得到与滑移量相关的时间因子,如式 (5.14) 所示。

$$s = f(t) \tag{5.13}$$

$$T = \frac{f(\Delta t)}{f(t)} = \frac{\Delta s}{s} \tag{5.14}$$

式中：s 为滑移量，mm；t 为与 s 对应的时间，s。

结合式(5.11)和式(5.14)，得到基于 CD 段能量累积峰值和时间效应的延性性能指标 γ 表达式，如式(5.15)所示。

$$\gamma = \kappa \cdot T = \kappa \cdot \frac{\Delta s}{s} \qquad (5.15)$$

式中：T 为时间因子；γ 为考虑耗散能累积率和时间效应的延性性能指标；κ 为破坏阶段中峰值耗散能累积率。

图 5.20 为高温后试件的延性性能指标变化图。从图中可以看出，随着温度的升高，试件 CD 段的延性性能先增大后减小，在 200℃ 达到最大，表明试件在即将破坏时的储能能力随温度升高先增强后减弱，塑性变形能力先增强后减弱。

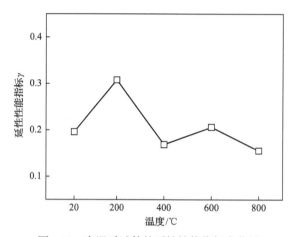

图 5.20　高温后试件的延性性能指标变化图

参 考 文 献

[1] 中华人民共和国住房和城乡建设部, 国家市场监督管理总局. GB/T 50081—2019　混凝土物理力学性能试验方法标准[S]. 北京: 中国建筑工业出版社, 2019.

[2] 国家能源局. DL/T 5150—2017　水工混凝土试验规程[S]. 北京: 中国电力出版社, 2018.

[3] 冀晓东, 宋玉普. 冻融循环后光圆钢筋与混凝土粘结性能退化机理研究[J]. 建筑结构学报, 2011, 32(1): 70-74.

[4] Soroushian P, Choi K B. Local bond of deformed bars with different diameters in confined concrete[J]. ACI Structural Journal, 1989, 86(2): 217-222.

[5] Piasta J, Sawicz Z, Rudzinski L. Changes in the structure of hardened cement paste due to high temperature[J]. Matériaux et Construction, 1984, 17(4): 291-296.

[6] 过镇海. 混凝土的强度和本构关系: 原理与应用[M]. 北京: 中国建筑工业出版社, 2004:

24-51.

[7] 李琛. 钢纤维纳米混凝土与钢筋粘结滑移本构关系[D]. 郑州: 郑州大学, 2015.

[8] 贾方方. 钢筋与活性粉末混凝土粘结性能的试验研究[D]. 北京: 北京交通大学, 2013.

[9] Eligehausen R, Popov E, Bertero V. Local bond stress slip relationship of deformed bars under generalized excitations[C]//Proceedings of the 7th European Conference on Earthquake Engineering, Istanbul, 1982.

[10] 李如生. 非平衡态热力学和耗散结构[M]. 北京: 清华大学出版社, 1986.

[11] 王博, 白国良, 代慧娟, 等. 再生混凝土与钢筋粘结滑移性能的试验研究及力学分析[J]. 工程力学, 2013, 30(10): 54-64.

第6章 碳化高温后混凝土力学性能

长期暴露于空气中的混凝土结构在经历碳化时，也可能会遭受火灾，碳化和高温双因素共同作用对混凝土结构的影响远大于单一因素的影响。高温导致碳化反应生成的碳酸钙分解，引起混凝土强度发生变化[1]，这将对混凝土结构的耐久性造成威胁，因此对碳化高温后混凝土性能的研究具有重要的工程意义。本章通过对碳化试验后的混凝土进行高温试验，分析碳化高温后混凝土力学性能，建立基于碳化高温后混凝土质量损失率的抗压强度及抗折强度计算公式，可为实际工程在不同碳化龄期、不同目标温度下预估混凝土的抗压强度和抗折强度提供依据。

6.1 试验概况

6.1.1 试验材料

本章所用试验原材料和配合比同第2章。

6.1.2 试件制备

本章主要进行碳化高温后混凝土的抗压强度试验和抗折强度试验。根据规范《混凝土物理力学性能试验方法标准》(GB/T 50081—2019)[2]中的规定，抗压试件采用100mm×100mm×100mm立方体，共计60块；抗弯试件采用100mm×100mm×400mm棱柱体，共计60块。

6.1.3 试验方法

高温试验设备和升温制度同第2章。碳化试验依据《普通混凝土长期性能和耐久性能试验方法标准》(GB/T 50082—2009)[3]中的规定进行。采用TH-B型混凝土碳化试验箱，如图6.1所示，配备气体分析仪、温湿度监控装置、气体对流循环装置等，满足规范中快速碳化试验对试验环境的要求。具体步骤如下。

(1)将标准养护26天后的试件放置在恒温60℃的烘箱中48h；之后用加热的石蜡密封两个侧面及底面，只留下相对的两个侧面不密封。在不密封的侧面上沿长度方向用铅笔每10mm间距画出平行线，作为碳化深度的测量点。

(2)将封蜡后的试件放入碳化箱，试件之间间距不小于50mm。在箱门密封条上刷一层油，避免二氧化碳气体外溢。启动碳化试验箱，碳化过程中使碳化试验

图 6.1　混凝土碳化试验箱

箱内二氧化碳浓度保持在(20±3)%，相对湿度保持在(70±5)%，温度保持在(20±2)℃的范围内。分别进行 7 天、14 天、28 天碳化。

(3)碳化结束后取出试件进行弯曲或劈裂破坏，并刷去试件断面上残存的粉末，喷上浓度为 1%的酚酞乙醇溶液。经约 30s 后，按步骤(1)做好的测量点用钢尺测出各点碳化深度。当测点处的碳化分界线上刚好嵌有粗骨料颗粒时，可取该颗粒两侧碳化深度的算术平均值作为该点的碳化深度。碳化深度测量应精确至0.5mm。

碳化后高温试验流程如下。

(1)进行碳化试验，碳化龄期分别为 7 天、14 天、28 天。

(2)进行高温试验，温度分别为 200℃、400℃、600℃、800℃。

(3)对碳化高温后的混凝土进行抗压强度试验和抗折强度试验，按照规范《混凝土物理力学性能试验方法标准》(GB/T 50081—2019)[2]中的规定进行。在混凝土抗折强度试验过程中，采用 DIC 方法测试抗弯试件表面的位移场和应变场，分析其裂缝扩展和损伤破坏规律。抗折强度试验和 DIC 方法见第 3 章。

6.2　混凝土碳化深度

不同碳化龄期混凝土碳化深度外观如图 6.2 所示。在喷上 1%的酚酞乙醇溶液后，混凝土破坏断面的粉红色区域代表未碳化区，试件左右相对两侧为碳化区的部分，随着碳化龄期增加未碳化区面积减小，碳化区面积增大，即碳化深度随碳化龄期的延长越来越大。

　　　(a) 7天　　　　　　　　　　(b) 14天　　　　　　　　(c) 28天

图 6.2　不同碳化龄期混凝土碳化深度外观

(彩图请扫封底二维码)

　　碳化深度是表征混凝土碳化程度的一个重要指标，依据《普通混凝土长期性能和耐久性能试验方法标准》（GB/T 50082—2009）[3]，其计算如式（6.1）所示。

$$\overline{d_t} = \frac{1}{n}\sum_{i=1}^{n} d_i \tag{6.1}$$

式中：$\overline{d_t}$ 为试件碳化 t 天后的平均碳化深度，精确至 0.1mm；d_i 为各测点的碳化深度，精确至 0.1mm；n 为测点总数。

　　不同碳化龄期混凝土碳化深度如图 6.3 所示。由图可知，碳化深度随龄期延长而逐渐增大。碳化从开始进行到第 7 天，曲线的斜率较陡，表明这时碳化深度急速增大，碳化速度较快。这是因为在碳化初期，由于混凝土内部的碱性物质含量较多，CO_2 能与其发生充分的碳化反应[4]，导致碳化深度急速增加；当碳化进行到第 14 天和第 28 天时，曲线斜率较缓，表明碳化速度降低。这是因为碳化进行到后期时，由于混凝土内部的碱性物质参与碳化反应的含量减少，使得此时碳

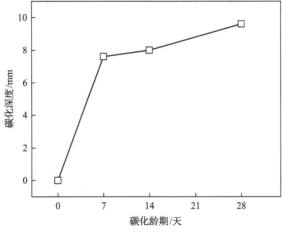

图 6.3　碳化龄期与碳化深度的关系

化反应速度减慢，导致碳化深度增加缓慢。由此说明，随着碳化的不断进行，碳化速度减缓。碳化后期，碳化反应不易进行。

6.3 碳化高温后混凝土质量损失率

混凝土经过碳化高温后，其内部结构发生变化，宏观表现为质量发生损失。以质量损失率为指标(式(6.2))，表征经过碳化高温后混凝土的损伤程度。

$$\Delta m = \frac{m_0 - m_T}{m_0} \times 100\% \qquad (6.2)$$

式中：Δm 为试件温度 $T(℃)$ 后的质量损失率；m_0 为常温下试件的质量；m_T 为温度为 $T(℃)$ 时试件的质量。

混凝土的内部结构会随温度的升高而发生变化，从而导致混凝土试件的质量损失。不同碳化龄期及温度下试件的质量损失率如图 6.4 所示。可以发现：随着温度的升高，质量损失在逐渐增大；在 200～400℃时曲线斜率最大，表明此温度区间质量损失速度较快；而在 400～600℃时曲线斜率逐渐平缓，质量损失速度变慢；在 600～800℃时曲线斜率又逐渐增大，质量损失速度加快。这是因为在 400℃前，一方面混凝土内部结合水受热大量蒸发，另一方面混凝土内碱性物质受热分解，这两方面原因导致质量损失速度较快；在 600℃后，碳化生成的 $CaCO_3$ 和混凝土内部残留的碱性物质都会受热分解，造成混凝土质量损失速度加快。

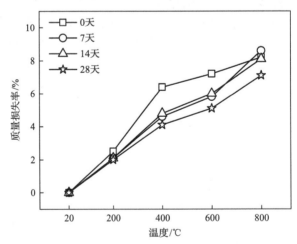

图 6.4　不同碳化龄期下温度与质量损失率的关系

此外，碳化的混凝土试件在 200℃前的质量损失率与未碳化的混凝土试件相比，差别不明显；但在 400～600℃时，碳化后混凝土试件的质量损失率较未碳化混凝土小，且随着碳化龄期的增加，质量损失率减小。这主要由两个原因造成：一方面，碳化生成的 $CaCO_3$ 填充到混凝土内部缺陷中，起到密实作用，且此温度下 $CaCO_3$ 不会发生分解，导致碳化后混凝土试件的质量损失率较小。另一方面，在此温度下，试件内的碱性物质会发生分解，导致未碳化混凝土试件的质量损失率较大；温度到 800℃时，碳化后混凝土试件的质量损失率较未碳化混凝土大，这是由于在此温度下，碳化后生成的 $CaCO_3$ 及混凝土内部残留的碱性物质都会发生分解，导致碳化后混凝土试件的质量损失率较大。

6.4　碳化高温后抗压性能

6.4.1　抗压强度分析

不同碳化龄期及温度下混凝土抗压强度如图 6.5 所示。由图 6.5(a)可以看出，碳化初始时，温度从 20℃升高到 800℃，抗压强度逐渐减小，降幅为 57%，这主要缘于高温使混凝土内部的自由水由液态转变为气态，水蒸气的逸出将产生内应力，导致混凝土内部产生微裂缝，而外加压荷载会进一步加剧微裂缝的扩展，从而使混凝土的抗压强度降低；碳化进行到第 7 天、第 14 天、第 28 天，抗压强度随温度升高先减小后增大然后再减小；碳化龄期为 14 天、28 天的抗压强度峰值出现在 400℃。这是由于此时碳化反应充分，所生成的 $CaCO_3$ 有效填充在混凝土内部孔隙中，导致孔径变小，强度增高。而当温度上升到 600℃和 800℃时，在相同的碳化龄期下，$CaCO_3$ 由固态转变为液态从而在混凝土内部形成孔道，使混凝土内部孔隙率增大，导致混凝土抗压强度逐渐降低。

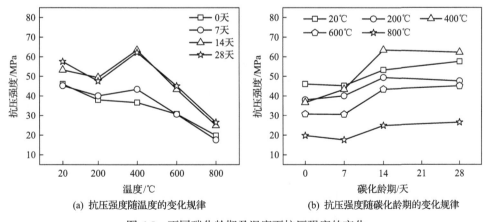

(a) 抗压强度随温度的变化规律　　　　(b) 抗压强度随碳化龄期的变化规律

图 6.5　不同碳化龄期及温度下抗压强度的变化

由图 6.5(b)可知，温度为 20℃时，碳化 7 天后的混凝土抗压强度与未碳化的混凝土抗压强度相比下降了 1.9%，差别不显著；当碳化进行到第 14 天和第 28 天时，混凝土的抗压强度较未碳化的混凝土抗压强度分别提高了 15.6%、24.8%，这是因为此时碳化反应充分，混凝土内部的缺陷会被 $CaCO_3$ 填充，孔隙率减小，混凝土的密实度增加，强度提高。温度为 200℃和 400℃时，碳化混凝土的抗压强度较未碳化混凝土均有所提高，对于 200℃，提高幅度分别为 5.4%、29.9%和 25.4%，对于 400℃，提高幅度分别为 18.4%、72.8%和 69.7%，这是由于碳化反应会消耗大量的水，但是在 200～400℃条件下，转变为气态的水分会与水泥石发生进一步的水化反应，故提高了混凝土的抗压强度。

由图 6.5(b)还可知，温度为 600℃和 800℃，碳化龄期在 7 天内时，混凝土抗压强度逐渐降低，与未碳化的混凝土抗压强度相比，降幅分别为 0.52%、1.3%，降幅不显著，这是由于此时碳化反应不充分，产生的 $CaCO_3$ 含量较少，在此温度下 $CaCO_3$ 分解所产生的水分将会转变为气态，产生内应力，使混凝土内部缺陷增加，导致混凝土抗压强度降低；碳化龄期为 4～28 天时，混凝土抗压强度逐渐增加，与未碳化的混凝土抗压强度相比，增幅分别为 47.1%和 50.9%，增幅显著。这是由于碳化后期碳化反应更充分，产生的 $CaCO_3$ 含量较多，在此温度下 $CaCO_3$ 分解，提高了混凝土的密实度，导致混凝土抗压强度较碳化初期有较明显的增加。

6.4.2 基于质量损失率的抗压强度经验计算式

混凝土抗压强度的大小与材料内部结构的密实度密切相关，在碳化和高温同时作用时，混凝土的密实度将发生改变。而质量损失是混凝土密实度改变的主要表征之一。不难发现，质量损失率与抗压强度间存在一定的相关性，如表 6.1 和图 6.6 所示。因此，利用碳化高温后混凝土抗压强度 $f_{cu}(T, t)$ 与质量损失率的散点图进行数据拟合，得到两者的关系式(6.3)，其相关系数 $R^2=0.826$。利用式(6.3)可预估在不同质量损失率下，混凝土经历碳化和高温后的抗压强度。

表 6.1 不同碳化龄期及温度下试件的质量损失率、抗压强度、抗折强度

碳化龄期/天	目标温度/℃	质量损失率/%	抗压强度 $f_{cu}(T, t)$/MPa	抗折强度 $f_t(T, t)$/MPa
7	20	0.00	45.22	4.56
7	200	2.10	40.11	5.56
7	400	4.60	43.39	5.97
7	600	5.80	30.64	3.46
7	800	8.60	17.55	2.55
14	20	0.00	53.26	2.66
14	200	2.10	49.42	3.44

续表

碳化龄期/天	目标温度/℃	质量损失率/%	抗压强度 $f_{cu}(T, t)$/MPa	抗折强度 $f_t(T, t)$/MPa
14	400	4.80	63.34	1.56
14	600	6.00	43.41	1.40
14	800	8.20	24.88	1.43
24	20	0.00	57.50	1.43
24	200	2.00	47.58	0.43
24	400	4.10	62.20	0.35
24	600	5.10	45.05	0.51
24	800	7.10	26.50	0.34

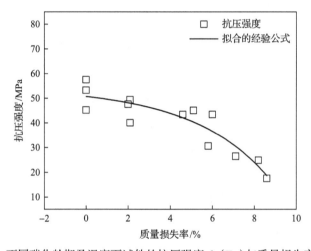

图 6.6 不同碳化龄期及温度下试件的抗压强度 $f_{cu}(T, t)$ 与质量损失率的关系

$$f_{cu}(T,t) = \frac{50.813}{1 + \exp\left[0.541\left(\gamma_{\text{MLR-C}} - 7.717\right)\right]} \qquad (6.3)$$

式中：$\gamma_{\text{MLR-C}}$ 为抗压试件质量损失率。

6.5 碳化高温后抗弯性能

6.5.1 抗折强度分析

分析碳化高温后不同碳化龄期及不同温度下混凝土的抗折强度，如图 6.7 所示。由图 6.7(a)可以看出，混凝土试件的抗折强度总体趋势随温度升高而降低。

这是因为在升温初期，混凝土内部的水分将由液态转变为气态，水蒸气的逸出会造成混凝土内部微裂缝的增加。随着温度进一步升高，碳化所生成的 CaCO₃ 开始分解，引起混凝土内部结构的密实度降低，导致抗折强度降低；但在碳化第 14 天和第 28 天、温度为 200℃时，混凝土抗折强度略有升高，这是由于碳化后期碳化反应充分，生成的 CaCO₃ 含量较多，在此温度环境下，CaCO₃ 能较好地填充到混凝土内部的缺陷中，使混凝土内部更密实，故混凝土抗折强度略有提高。

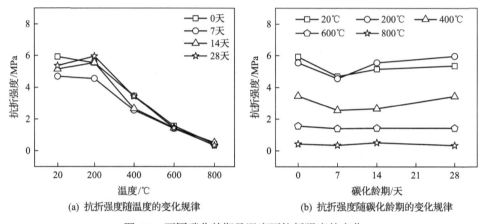

(a) 抗折强度随温度的变化规律　　　　(b) 抗折强度随碳化龄期的变化规律

图 6.7　不同碳化龄期及温度下抗折强度的变化

由图 6.7(b)可知，当温度在 400℃以下时，混凝土抗折强度随着碳化龄期的延长先降低后升高，600℃以上的混凝土抗折强度随碳化龄期变化不大，表明碳化对 600～800℃下的混凝土抗折强度影响较小。

6.5.2　基于质量损失率的抗折强度经验计算式

混凝土抗折强度的大小与材料内部结构的密实度密切相关，在碳化和高温同时作用时，混凝土的密实度将发生改变。而质量损失是混凝土密实度改变的主要表征之一。分析质量损失率和抗折强度的变化规律不难发现，两者之间存在一定的相关性，如表 6.1 和图 6.8 所示。因此，利用碳化高温后混凝土抗折强度 $f_t(T, t)$ 与质量损失率 γ_{MLR-F} 的散点图进行数据拟合，得到两者的关系式(6.4)，其相关系数 R^2=0.873。利用式(6.4)可预估在不同质量损失率下，混凝土经历碳化和高温后的抗折强度：

$$f_t(T, t) = \frac{10.413}{1 + \exp\left[45.144\left(\gamma_{MLR-F} - 0.023\right)\right]} \tag{6.4}$$

式中：γ_{MLR-F} 为抗弯试件质量损失率。

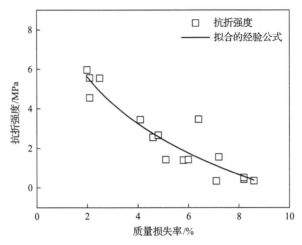

图 6.8　不同碳化龄期及温度下试件的抗折强度与质量损失率关系曲线

6.5.3　弯曲损伤破坏过程的主裂缝扩展研究

混凝土开裂对于其构件的承载力和耐久性有着重要影响,同时裂缝高度也是确定混凝土构件满足使用性能的重要指标。本节采用 DIC 方法,测试碳化高温后混凝土试件在弯曲损伤破坏过程中的表面位移场。通过试件表面开裂区域的位移差确定主裂缝高度,并分析主裂缝的扩展过程,探讨不同碳化龄期和高温温度对主裂缝扩展的影响。

1. 裂缝高度的确定

为了测出混凝土试件的裂缝高度,需先确定试件的裂缝尖端位置。由断裂力学可知,混凝土开裂时在裂缝尖端处会出现尺寸较大的断裂过程区(fracture process zone, FPZ),该区域存在大量的微裂缝,进而影响主裂缝高度的判断。由 3.3 节水平位移云图可知,混凝土抗弯试件破坏过程中,裂缝区域伴随着位移差(位移跳跃),因此可作为主裂缝尖端的判定依据。

定义裂缝名义高度为裂缝尖端到试件底部的垂直长度。文献[5]中提出,DIC 方法测出的裂缝尖端附近的水平位移差值为 8μm 时,定义此点为裂缝尖端,若不满足 8μm 条件就向上每 0.1mm 继续做阶段线,直到找到满足 8μm 的裂缝尖端,本节按照这种方式使用 DIC 方法来确定试件在弯曲损伤破坏过程中不同时刻的裂缝高度。

首先以碳化 0 天、温度为 20℃且加载到荷载为 4.15kN 时试件的抗折强度试验为例,说明裂缝高度的确定方法,如图 6.9(a)所示,从下至上依次画阶段线计算位移差。计算三条阶段线的位移差,如图 6.9(b)所示,从上至下位移差分别为 6μm、8μm、8.6μm,所以阶段线 2 的位置为裂缝尖端位置,裂缝高度为 66.1mm。

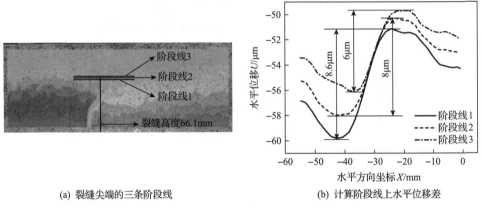

(a) 裂缝尖端的三条阶段线　　　　　　(b) 计算阶段线上水平位移差

图 6.9　混凝土弯曲损伤破坏过程主裂缝高度的确定

2. 碳化龄期对主裂缝高度的影响

以温度为 20℃不同碳化龄期混凝土抗弯试件荷载-主裂缝高度曲线为例,分析碳化龄期对主裂缝高度的影响,如图 6.10 所示。由图可知,不同碳化龄期混凝土抗弯试件荷载-主裂缝高度曲线总体趋势为主裂缝高度随着荷载的增大而增大,且当裂缝扩展到 60mm 高度、碳化龄期为 28 天时荷载达到最大,表明碳化 28 天可以提高混凝土的阻裂性能,然后依次为 0 天、14 天、7 天。

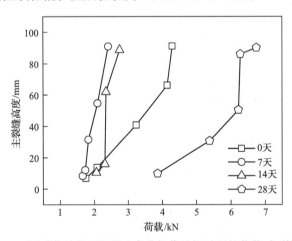

图 6.10　20℃不同碳化龄期下混凝土弯曲损伤破坏过程的荷载-主裂缝高度曲线

这是因为碳化初期(7 天和 14 天)时,混凝土内部有害孔及多害孔孔隙率较大,表明碳化初期时,大孔径孔的数量增多,内部孔结构出现连通合并的现象(见 7.4.4 节),所以阻裂能力差;碳化到 28 天时,有害孔及多害孔孔隙率减小,大孔径孔的数量减少,内部气孔分布均匀合理(见 7.4.4 节),这样的气孔结构可以缓解弯曲损伤过程中的应力集中，阻止裂缝的扩展；另外，碳化 28 天后，水化一直进行，所以改善了混凝土内部结构，提高了强度，所以达到相同裂缝高度时相应的荷载大。

3. 温度对主裂缝高度的影响

以碳化龄期为 0 天、不同温度混凝土抗弯试件荷载-主裂缝高度曲线为例，分析温度对主裂缝高度的影响，如图 6.11 所示。由图可知，不同温度混凝土抗弯试件荷载-主裂缝高度曲线总体趋势为主裂缝高度随着荷载的增大而增大，且当裂缝扩展到 60mm 高度时，常温 20℃的荷载达到最大，表明 20℃下混凝土阻裂性能好，然后依次为 200℃、400℃、600℃和 800℃。

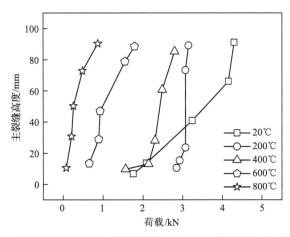

图 6.11 不同温度下混凝土弯曲损伤破坏过程的荷载-主裂缝高度曲线

这是因为 200℃时，混凝土中的部分自由水蒸发，混凝土强度略有下降；随着温度升高到 400℃，自由水和结合水都在蒸发，混凝土结构孔隙率增大，结构开始疏松；随着温度升高到 600℃，氢氧化钙大量分解，导致水泥石结构破坏，使混凝土强度进一步降低；温度到 800℃后，平均孔径、总孔隙率、最可几孔径增大，提高了混凝土各孔隙间的连通性，孔结构劣化更加严重（见 7.4.4 节），另外，碳酸钙开始分解，承载力下降。

参 考 文 献

[1] 田伟浩. 二氧化碳养护混凝土砌块的耐高温性能研究[D]. 长沙: 湖南大学, 2018.

[2] 中华人民共和国住房和城乡建设部, 国家市场监督管理总局. GB/T 50081—2019 混凝土物理力学性能试验方法标准[S]. 北京: 中国建筑工业出版社, 2019.

[3] 中华人民共和国住房和城乡建设部. GB/T 50082—2009 普通混凝土长期性能和耐久性试验方法标准[S]. 北京: 中国建筑工业出版社, 2009.

[4] 兰大鹏, 欧洋. 通过碳化试验检测混凝土结构的耐久性[J]. 四川建材, 2019, 45(5): 30-31, 33.

[5] 陈靖文. 高温高湿环境与过载谱下 CFL 加固 RC 梁疲劳性能研究[D]. 广州: 华南理工大学, 2017.

第7章 碳化高温后混凝土微观性能

本章通过 XRD 和 TG 方法分析碳化高温后混凝土微观物相的变化规律,并通过 MIP 分析混凝土碳化高温后孔参数的变化,探讨混凝土碳化高温后的损伤机理。基于混凝土碳化高温后的孔结构参数,采用灰熵法分析孔结构参数与混凝土碳化高温后抗压强度、抗折强度、质量损失率的关联度大小,并通过灰熵分析得出的孔参数、基于热力学关系的分形维数与抗压强度建立数学模型,为分析碳化高温后混凝土抗压强度与微观孔结构的关系提供参考。

7.1 微观结构分析试验

混凝土的原材料和配合比同第 2 章。碳化试验同第 6 章。高温试验同第 2 章。

7.1.1 XRD 物相分析

XRD 物相分析是通过对材料进行 X 射线衍射,分析其衍射图谱,获得材料的成分、内部原子或分子的结构或形态等信息的研究方法。当 X 射线入射到晶体时,存在“选择性衍射”,如果入射角 θ 满足布拉格定律(式(7.1)),则 X 射线强度因衍射得到加强而可以被记录到,但从其他角度入射因互相抵消而无衍射。

$$2d\sin\theta = n\lambda \tag{7.1}$$

式中:n 为任意整数,称为衍射级数;d 为晶格间距,m;θ 为入射光与晶面的夹角,(°);λ 为波长,m。

试验取样前,先测试碳化深度。通过测试,混凝土碳化 7 天、14 天、28 天后的碳化深度分别为 7.6mm、8mm、9.6mm(见 6.2 节)。故在碳化深度为 7mm 处取试样,即取混凝土外层 7mm 的薄片,破碎成粉末,用 200 目筛子筛分,然后放入仪器进行测试。仪器采用德国布鲁克公司生产的型号为 D8 Advance 的 X 射线衍射分析仪,如图 7.1 所示。试验操作条件如下:CuKα 激光辐射(40kV,100mA),扫描速率为 8°/min,扫描角度为 10°~90°。

7.1.2 TG-DSC 综合热分析

TG 分析是在控制温度条件下,测量物质的质量与温度关系的热分析方法;差示扫描量热法(differential scanning calorimetry, DSC)是在控制温度的条件下,测量输入给样品和参比物的功率差与温度关系的一种热分析方法。本试验所用的 TG-DSC 综合热分析仪能将差示扫描量热法和热重法结合起来对样品进行测试，同时用这两种热分析方法对样品进行碳化高温后氢氧化钙和碳酸钙含量变化的分析。

试验取样方法同 XRD 试验。采用德国生产型号为耐驰 STA449F3 的综合热分析仪进行 TG-DSC 综合热分析，如图 7.2 所示。升温速率设定为 10℃/min，最高目标温度为 1000℃，加热气氛（参比物）为稀有气体氩气。

图 7.1　X 射线衍射分析仪　　　　图 7.2　TG-DSC 综合热分析仪

7.1.3　压汞法测试孔结构试验

因为汞具有较大的表面张力，其与大部分固体的接触角大于 90°，所以当这些固体与汞接触时不会发生浸润，只有在外界压力作用下，汞才会沿着多孔材料的孔隙进入其中，当孔隙的半径 r 和长度 l 给定时，汞接触孔隙的表面面积为

$$A = 2\pi rl \tag{7.2}$$

假设毛细孔是刚性的，则汞液的表面能为

$$W_1 = 2\pi rl\gamma\cos\theta \tag{7.3}$$

式中：θ 为汞对固体的浸润角，一般为 130°；γ 为汞的表面张力，20℃时为 0.485N/m。

外界压力对汞所做的功 W_2 为

$$W_2 = p\pi r^2 l \tag{7.4}$$

因为 $W_1 = W_2$，所以孔半径与外界压力的关系为

$$pr = -2\gamma\cos\theta \tag{7.5}$$

式中：p 为施加给汞的外力，Pa。

因为汞的表面张力 γ 和汞对固体的浸润角 θ 一般为常数，所以随着压力逐渐增大，汞将会逐渐进入孔径更小的孔。如果压力从 $1p$ 改变到 $2p$，分别对应孔径 $1r$、$2r$，压汞仪可以测量出单位质量试样在两种孔径的孔之间的孔内所压入的汞体积 V，则在连续改变测孔压力时，就可测出汞进入不同孔径孔中的汞量，从而得到孔径分布。

试验前先对试件做如下处理：用混凝土切割机切除碳化面 3mm 的薄片后，对剩余试件钻孔取直径为 8mm、长为 5mm 的小圆柱试样，然后用超声波清洗机对试样进行清洗并烘干。

本试验选用美国麦克公司生产的 AutoPore Ⅳ 9500 型全自动压汞测孔仪，如图 7.3 所示。低压仓主要用于完成将膨胀剂抽气至真空、进汞和试验的低压分析部分，压力范围是 0～345kPa，对应的孔径范围为 3.6～360μm。高压仓主要完成试验的高压分析部分，压力范围是从标准大气压到 414MPa，对应的孔径范围为 3～360000nm。

图 7.3　压汞测孔仪

7.2　碳化高温后混凝土 XRD 物相分析试验结果

图 7.4 分别表示试件在碳化 0 天、7 天、14 天、28 天条件下再经历不同高温后的 XRD 分析结果。图 7.4(a) 为未碳化的试件，可以看出 $Ca(OH)_2$ 衍射峰在 400℃以后消失，说明 $Ca(OH)_2$ 在高温 400℃以上会发生分解。而碳化后的试件没有 $Ca(OH)_2$ 的衍射峰，这是因为在碳化过程中 CO_2 进入混凝土内部与水结合形成 H_2CO_3，$Ca(OH)_2$ 与 H_2CO_3 发生反应生成了 $CaCO_3$[1-3]，已将 $Ca(OH)_2$ 消耗完。如图 7.4(b)～(d) 所示，在碳化 7 天、14 天、28 天时观察到大量的 $3CaO·SiO_2$，说明混凝土内部的水化反应随着碳化龄期的延长仍在持续进行；另外，在不同碳化龄期下，600～800℃下的碳酸钙含量明显下降，说明在此温度范围内 $CaCO_3$ 被分解，含量减少。

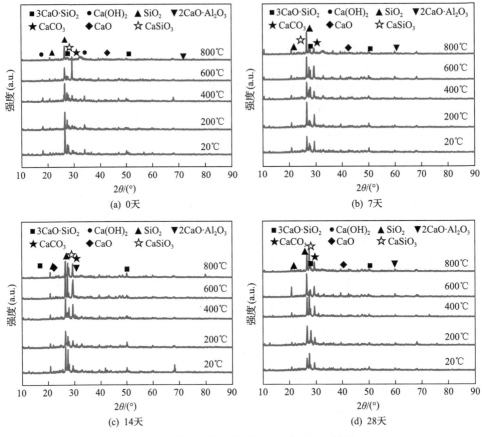

图 7.4　不同碳化龄期下混凝土的 XRD 结果

7.3　碳化高温后混凝土 TG-DSC 综合热分析试验结果

7.3.1　TG 分析

图 7.5 为不同碳化龄期和温度条件下混凝土的 TG 曲线。由图 7.5(a)可知,未碳化试件的 TG 曲线可明显分为四个阶段:第一阶段为平缓下降阶段,此阶段质量下降主要是由试件内部的 C-S-H 凝胶脱水和游离水蒸发引起的;第二阶段为急速下降阶段,此阶段质量下降主要是由温度高于 400℃时混凝土内部的 $Ca(OH)_2$ 分解造成的;第三阶段为缓慢下降阶段,此阶段主要是由温度高于 600℃时 $CaCO_3$ 分解导致的;第四阶段为平稳阶段,在此阶段高温状态下大部分 $CaCO_3$ 等物质已经分解完毕,随着温度的升高其质量没有明显的变化。

图 7.5(b)～(d)分别为碳化 7 天、14 天、28 天后混凝土的 TG 曲线。根据 XRD

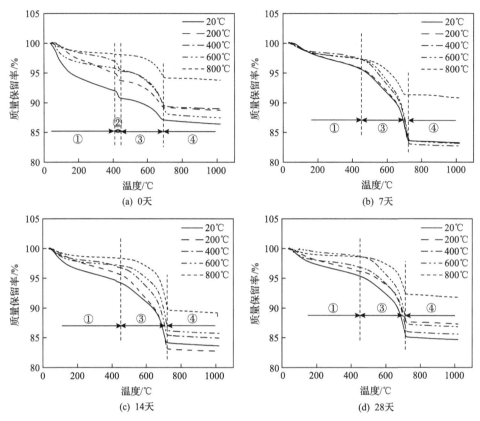

图 7.5　不同碳化龄期和温度条件下混凝土的 TG 曲线

分析可知，碳化反应使得混凝土内部的 $Ca(OH)_2$ 急剧减少，因此相对于未碳化试件 (图 7.5(a))，碳化后试件的 TG 曲线没有第二阶段，即没有由 $Ca(OH)_2$ 分解造成的质量急速下降的阶段。在不同碳化龄期下，随着温度的升高试件的总质量损失逐渐变小，说明温度越高混凝土内部的水化产物以及碳化产物分解越多；在碳化 7 天时，除 800℃外，其余试件的总质量损失相差不大且都明显大于其他碳化龄期的试件，质量损失都集中在第三阶段，平均损失 17% 左右，说明碳化 7 天时试件所生成的碳化产物 $CaCO_3$ 的含量最多。

7.3.2　DTG 分析

微商热重(derivative thermal gravimetric, DTG)曲线是 TG 曲线对温度或时间的一阶导数。图 7.6 为不同碳化龄期下混凝土的 DTG 曲线，代表经历热重时试件的质量损失速率。由图 7.6(a)可看出，未碳化的试件在经过热重时有三个明显的分解峰，说明混凝土的质量损失速率较快。第一个峰的温度范围为 20~200℃，这个阶段主要是混凝土内部水分的蒸发造成的；第二个峰的温度范围为 380~

480℃，由 XRD 分析可知在此温度范围内 Ca(OH)₂大量分解，导致质量损失速率加快；第三个峰所处温度范围为 600～800℃，由 XRD 分析可得在此温度范围内 CaCO₃含量明显下降，可判断此阶段质量下降主要是 CaCO₃分解造成的。

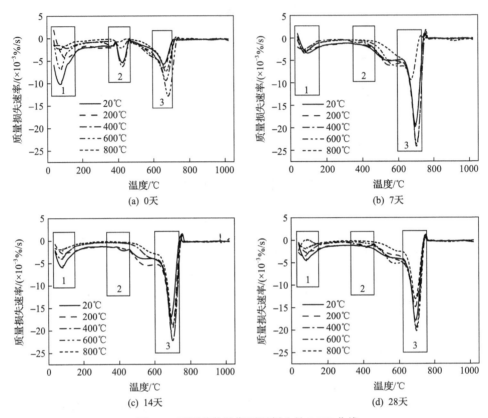

图 7.6　不同碳化龄期下混凝土的 DTG 曲线

由图 7.6(b)～(d)可知，第一个峰的峰值明显变小，这是由于碳化反应需要先消耗一定的水分，碳化龄期越长，第一个峰的峰值越小，质量损失速率也越小；经历碳化后第二个峰不太明显，这与 TG 曲线第二阶段消失相吻合，说明碳化反应使得 Ca(OH)₂被消耗，因此在 380～480℃时质量损失速率没有太大变化；第三个峰的峰值相对于没有经历碳化的试件显著增大，说明在 600～800℃时 CaCO₃被大量分解，导致质量损失速率变大。观察碳化后的试件可发现，碳化 7 天时第三个峰的峰值最大，说明碳化 7 天时 CaCO₃分解速率最大，结合热重分析可认为碳化 7 天时 CaCO₃含量明显高于其他碳化龄期后的试件。

7.3.3　TG 定量分析

根据上文分析，Ca(OH)₂分解温度在 380～480℃内，分解方程见式(7.6)[4]；

$CaCO_3$ 分解温度在 $600 \sim 800℃$ 内，分解方程见式 (7.7)[4]。根据质量守恒定律，采用式 (7.8) 和式 (7.9) 分别计算 $Ca(OH)_2$ 和 $CaCO_3$ 的含量。

$$Ca(OH)_2(s) == CaO(s) + H_2O(g) \tag{7.6}$$

$$CaCO_3(s) == CaO(s) + CO_2(g) \tag{7.7}$$

$$w_1 = e\frac{M_{Ca(OH)_2}}{M_{H_2O}} \tag{7.8}$$

$$w_2 = f\frac{M_{CaCO_3}}{M_{CO_2}} \tag{7.9}$$

式中：e 和 f 分别为试件在 $380 \sim 480℃$、$600 \sim 800℃$ 的质量损失，且 $e=a-b$ 和 $f=c-d$，a、b、c、d 分别为试件在 $380℃$、$480℃$、$600℃$、$800℃$ 的质量；$M_{Ca(OH)_2}$、M_{CaCO_3}、M_{H_2O}、M_{CO_2} 为相对分子质量；w_1 和 w_2 分别为 $Ca(OH)_2$ 和 $CaCO_3$ 的含量。

$CaCO_3$ 和 $Ca(OH)_2$ 的含量随碳化龄期和温度的变化如图 7.7 所示，$Ca(OH)_2$

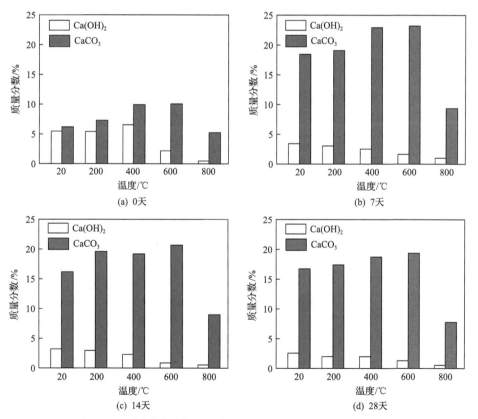

图 7.7　不同碳化龄期和温度下 $CaCO_3$、$Ca(OH)_2$ 的质量分数

的含量随着碳化龄期的延长呈现降低的趋势，未碳化试件的 Ca(OH)₂ 含量明显大于碳化后的试件，碳化后试件的 CaCO₃ 含量明显大于未碳化的试件，尤其是在碳化 7 天时的 CaCO₃ 含量显著大于其余碳化天数的试件。结合 TG 和 DTG 分析可再次证明，在碳化 7 天时由碳化反应生成的 CaCO₃ 含量比其他碳化龄期的试件多。

7.3.4 DSC 分析

对碳化 0 天、7 天、14 天和 28 天及温度 20℃、200℃、400℃、600℃ 和 800℃ 的混凝土进行 DSC 分析，结果如图 7.8 所示。从图 7.8(a) 中可以看出，未碳化的混凝土在高温试验温度不超过 400℃ 还存在明显的 Ca(OH)₂ 分解吸热峰，在高温试验温度为 600℃ 时存在较弱的 Ca(OH)₂ 分解峰，在高温试验温度为 800℃ 已经很难观察到 Ca(OH)₂ 的吸热峰，说明此时 Ca(OH)₂ 完全分解。其中，从 DSC 曲线中可以看出，Ca(OH)₂ 的分解温度为 420℃；另外从图 7.8(a) 中可以看出，各温度条件下存在较弱的 CaCO₃ 分解吸热峰。

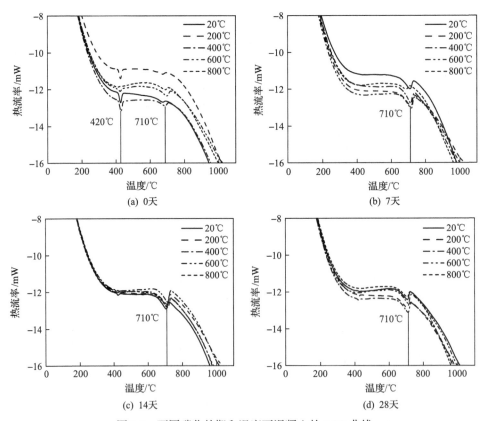

图 7.8　不同碳化龄期和温度下混凝土的 DSC 曲线

从图 7.8(b)~(d)中可以看出，碳化后没有明显的 Ca(OH)$_2$ 分解吸热峰，说明混凝土凝胶中的 Ca(OH)$_2$ 完全反应。另外，各龄期的混凝土存在明显的 CaCO$_3$ 吸热峰，其中高温试验温度在 800℃时，CaCO$_3$ 的分解峰较弱，这是因为 800℃下 CaCO$_3$ 受热分解，从 DSC 曲线中可以看出 CaCO$_3$ 的分解温度为 710℃。

7.4　碳化高温后混凝土孔结构特征参数

7.4.1　累积汞侵入曲线

由压汞法测试得到的不同碳化龄期和不同温度下混凝土的累积汞侵入曲线如图 7.9 所示。从图中可知，可以将曲线分为三个阶段进行分析。

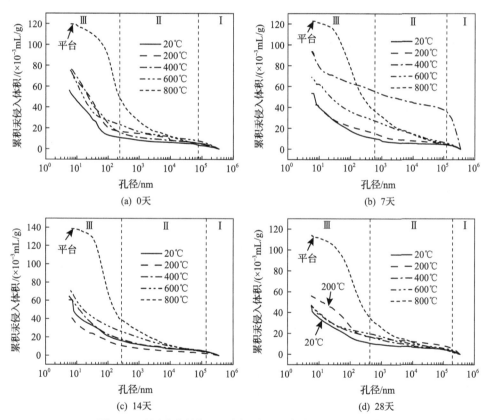

图 7.9　不同碳化龄期和不同温度下混凝土累积汞侵入曲线

第 I 阶段为缓慢上升阶段，随着碳化龄期的延长，曲线缓慢上升段越来越短，说明累积汞侵入体积变小，碳化使大孔数量减少。根据 XRD 分析和 TG 分析可知，随着碳化反应的进行，Ca(OH)$_2$ 与 CO$_2$ 反应生成 CaCO$_3$，而 CaCO$_3$ 具有填充作用，填充了较大的孔隙,造成大孔数量减少,使得第Ⅰ阶段的汞侵入体积变小。第Ⅱ阶段为平缓阶段,变化不大(除400℃碳化7天的试件外),说明随着碳化龄期的延长,第Ⅱ阶段中等孔隙的数量变化不大。第Ⅲ阶段为急速上升阶段,随着碳化龄期的延长,第Ⅲ阶段的最终累积汞侵入体积减小,这也进一步反映了碳化反应生成的$CaCO_3$填充了较大孔隙,使小孔数量增多,混凝土基体更加密实。

不同温度下试件的第Ⅰ阶段(除400℃碳化7天的试件外)随着温度的升高累积汞侵入体积没有显著的差别,说明高温对较大孔隙的数量没有太大影响;第Ⅱ阶段,整体呈现温度越高累积汞侵入体积越大的趋势,说明高温破坏了混凝土的内部结构,使得基体中的中等孔隙数量增多;第Ⅲ阶段,随着温度升高汞侵入体积急速增加,尤其是800℃,说明高温作用使混凝土内部结构孔隙数量增多、裂缝扩展而导致汞侵入体积快速增加。值得注意的是,在不同碳化龄期下800℃累积汞侵入曲线都存在一个"平台",说明在此"平台"对应孔径(<0.06nm)的孔隙数量很少,汞侵入体积增长不明显。

7.4.2　阈值孔径、临界孔径、孔隙率分析

从累积汞侵入曲线可以确定重要的孔结构参数:阈值孔径、临界孔径、孔隙率。阈值孔径是指所有的孔径分布都存在一个阈值,高于该阈值孔径的孔隙汞侵入体积相对较小,低于该阈值孔径的孔隙则开始被大部分汞侵入;阈值孔径是检测到显著侵入的孔隙体积的最大孔直径[5],代表每克混凝土所含数量较多的孔径。临界孔径是指混凝土内部相互连通的孔隙,是允许化学物质通过水泥浆体的最大渗透孔径[6],反映了混凝土的渗透性能。孔隙率是指混凝土试件内部的孔隙体积占总体积的百分比,反映了混凝土的密实程度。

观察图7.10(a)可发现,在碳化初期(0~7天)时阈值孔径有所增大(除800℃外),此时对应的抗压强度增长不显著(图6.5);碳化中期(7~14天)阈值孔径逐渐减小,抗压强度显著提升;碳化后期(14~28天)阈值孔径没有明显的变化,抗

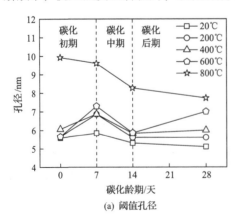

(a) 阈值孔径

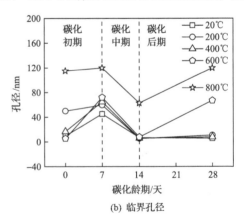

(b) 临界孔径

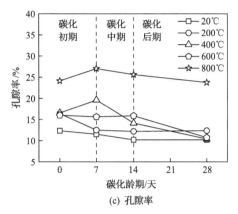

(c) 孔隙率

图 7.10 阈值孔径、临界孔径、孔隙率与碳化龄期的关系

压强度变化不明显，说明阈值孔径与抗压强度密切相关。在不同碳化龄期下，温度越高，阈值孔径越大，说明高温对混凝土内部孔结构的"粗化"作用越强，对混凝土的耐久性起到了劣化作用。碳化初期高温的"粗化"作用强于碳化的"密实"作用，在碳化 7 天时阈值孔径为最大值，大孔数量最多；碳化中期碳化的"密实"作用强于高温的"粗化"作用，在碳化 14 天时抗压强度显著提升。

图 7.10(b) 与(c) 有相似的变化规律，在碳化 7 天时临界孔径达到最大值，且温度越高，临界孔径越大，说明高温的破坏作用使得混凝土内部大孔隙的数量逐渐增多，对混凝土耐久性能的劣化作用显著增强；在碳化中期(7~14 天)时临界孔径逐渐减小，说明碳化所生成的碳化产物填充了混凝土内部的大孔隙，大孔数量减少，小孔数量增多，对液体的渗透阻力增大，使得混凝土的密实性能和抗渗透性能增强，抗压强度和耐久性能明显提升；碳化后期温度低于 600℃时临界孔径没有显著变化，抗压强度基本不变，而高于 600℃临界孔径逐渐增大，说明在碳化后期温度高于 600℃对混凝土的孔结构"粗化"作用显著增强，混凝土的抗压强度和耐久性能显著降低。

观察图 7.10(c) 可发现，孔隙率随着碳化龄期延长逐渐降低(除 400℃和 800℃外)，说明碳化使得混凝土的总孔体积降低，碳化的"密实"作用比高温的"粗化"作用强。而在碳化 7 天、温度 400℃时孔隙率增幅最大，增加了 19%，累积汞侵入曲线上累积汞侵入体积明显偏高，而抗压强度明显增长(图 6.5)，说明在碳化 7 天时 400℃的高温对混凝土的"粗化"作用弱于碳化的"密实"作用。

7.4.3 最可几孔径

图 7.11 为不同碳化龄期和不同温度下混凝土的孔径分布微分曲线。各条件下混凝土孔径分布微分曲线的峰值和形状是不同的。峰值处对应的孔径为最可几孔径(出现概率最大的孔径)。说明混凝土最可几孔径与温度、碳化龄期是有关的。

所得到的最可几孔径如图 7.12 所示。

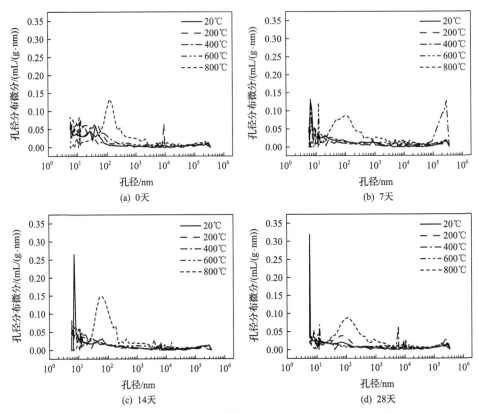

图 7.11 不同碳化龄期和不同温度下混凝土的孔径分布微分曲线

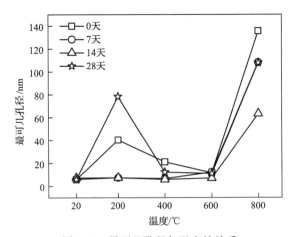

图 7.12 最可几孔径与温度的关系

从图 7.12 中可以看出，未碳化混凝土在 200℃时，最可几孔径变大，这是因为未碳化混凝土中较碳化后混凝土自由水含量高，200℃时自由水蒸发留下较多毛细孔，最可几孔径变大。随着温度升高至 600℃，最可几孔径又减小至初始值，而碳化 7 天和 14 天在 600℃之前最可几孔径变化不大，随着温度升高至 800℃，最可几孔径增大至初始值的 20 倍左右，最可几孔径分别向大孔径方向移动了 129.84nm、102.16nm、56.1nm、102.08nm，说明 800℃混凝土后孔隙逐渐变大，结构变得疏松，混凝土内部损伤加剧。

碳化 28 天时在 200℃最可几孔径达到最大值，这是因为碳化反应的过程中也会生成大量的水，温度升高至 200℃时，这些水分蒸发形成毛细孔，进而最可几孔径达到最大值，而碳化初期（7 天、14 天）反应需要用的水会大于生成的水，所以碳化 7 天、14 天最可几孔径变化不大。未碳化、碳化 7 天、14 天和 28 天 800℃作用后混凝土最可几孔径分别为 135.68nm、108.26nm、63.34nm 和 107.92nm，降幅分别是初始值的 20.21%、53.32%和 20.46%，说明碳化可以减小最可几孔径。

7.4.4 孔径分布特征

为了更深入地了解碳化高温后混凝土内部的孔径分布，将孔径大小分为三种类型[7]：①直径小于 10nm 的孔为凝胶孔；②直径为 10～50nm 的孔为中型毛细孔；③直径为 50～10000nm 的孔为大毛细孔。

图 7.13（a）为没有经过碳化的试件，可以发现，随着温度的升高大毛细孔数量逐渐增多，凝胶孔的数量逐渐减少，抗压强度逐渐降低，说明温度越高，混凝土的大毛细孔（50～10000nm）受到的破坏作用越强，使混凝土基体呈"疏松多孔"的现象，抗压强度也减小。

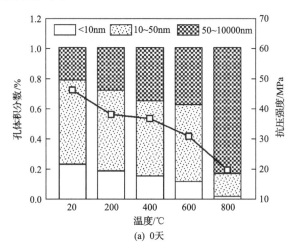

(a) 0天

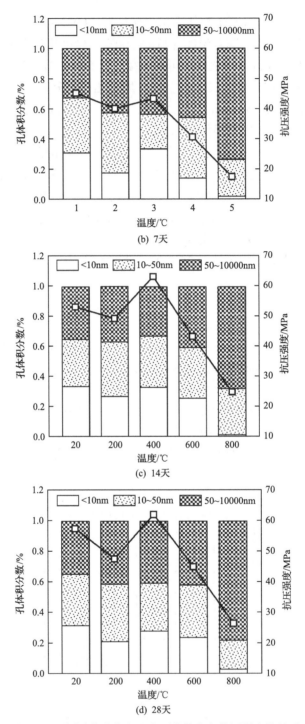

图 7.13　不同碳化龄期和温度下孔体积与抗压强度的关系

由图 7.13(b)～(d)可知，在经历 400℃高温后混凝土中凝胶孔的数量均有所增多，抗压强度明显提升，尤其是碳化 14 天的试件，凝胶孔数量占比最大，因此抗压强度提升幅度最大。对比未碳化和碳化后的试件发现，碳化后试件中凝胶孔的数量显著增多，试件的抗压强度与凝胶孔的占比呈正相关关系，凝胶孔占比越大，试件的抗压强度越大。未碳化试件 800℃处理后大毛细孔占比为 82.7%，碳化后大毛细孔占比分别为 73.5%、67.9%、78.1%，说明碳化使大毛细孔的数量减少。在经历 800℃处理后混凝土的大毛细孔占比远远大于其他温度下大毛细孔的占比。再结合 TG 法可知在 800℃时大量 $CaCO_3$ 分解，结合压汞法可知在 800℃时累积汞侵入体积远大于其他温度，综合得出混凝土经过 800℃高温后内部呈现"疏松多孔"形态，且大孔的数量远多于其余孔。

7.5　碳化高温后混凝土孔结构特征与抗压强度的灰熵分析

为了研究不同大小的孔对抗压强度的影响，对不同尺寸的孔进行灰熵分析。灰熵分析法[8]是一种可以在"小样本、贫信息"的条件下进行分析，经过数据处理，在随机的因素序列中找到其关联性的系统分析方法，其分析步骤如下。

设 $X_i=(x_i(1), x_i(2), \cdots, x_i(n))$ 为比较列，$Y_i=(y_i(1), y_i(2), \cdots, y_i(n))$ 为参考列。

(1)均值化处理。

$$x_i' = \frac{X_i}{\overline{X_i}} = \left[\frac{x_1}{\overline{x_i}}, \frac{x_2}{\overline{x_i}}, \cdots, \frac{x_n}{\overline{x_i}}\right] \tag{7.10}$$

$$y_i' = \frac{Y_i}{\overline{Y_i}} = \left[\frac{y_1}{\overline{y_i}}, \frac{y_2}{\overline{y_i}}, \cdots, \frac{y_n}{\overline{y_i}}\right] \tag{7.11}$$

(2)求参考列与比较列的差。

$$\Delta_i(j) = |y_i(j) - x_i(j)| \tag{7.12}$$

$$\Delta_i(j) = (\Delta_i(1), \Delta_i(2), \cdots, \Delta_i(n)) \tag{7.13}$$

(3)求两极最大差和最小差。

$$M = \max_i \max_j \Delta_i(j) \tag{7.14}$$

$$m = \min_i \min_j \Delta_i(j) \tag{7.15}$$

(4)求灰熵关联系数。

$$\xi_i = \frac{m + \rho M}{\Delta_i(j) + \rho M} \tag{7.16}$$

式中：ρ 为分辨系数，一般为 0.5。

(5)求灰熵关联分布密度。

$$P_h = \frac{\xi\left(x_i(h), y_i(h)\right)}{\displaystyle\sum_{i=1}^{n} \xi\left(x_i(h), y_i(h)\right)} \tag{7.17}$$

(6)求灰关联熵和灰熵关联度。

$$灰关联熵 \quad H\left(R_i\right) = -\sum_{i=1}^{n} P_h \times \ln P_h \tag{7.18}$$

$$灰熵关联度 \quad E\left(x_i\right) = \frac{H\left(R_i\right)}{H_{\max}} \tag{7.19}$$

式中：$R_i = \left\{\xi\left(x_i(h), y_i(h)\right), h = 1, 2, \cdots, n\right\}$；$H_{\max} = \ln n$，代表由 n 个元素构成的差异信息列的最大值。

由 7.4.2 节分析可知，阈值孔径、临界孔径、孔隙率与抗压强度有关，为了得到三种孔径参数对抗压强度的影响，将阈值孔径、临界孔径、孔隙率作为比较列，抗压强度作为参考列进行灰熵分析，按照上述灰熵关联度方法(式(7.10)～式(7.19))进行计算，得到三种孔径参数与抗压强度的灰熵关联度，如图 7.14 所示。

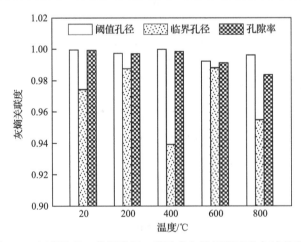

图 7.14　阈值孔径、临界孔径、孔隙率与抗压强度的灰熵关联度

由图 7.14 可知，在碳化后不同温度条件下三种孔径参数与抗压强度的灰熵关联度从大到小依次为阈值孔径、孔隙率、临界孔径，表明阈值孔径对混凝土抗压

强度的影响最大。阈值孔径越大，大孔数量越多，混凝土密实度越低，抗压强度越小；反之，阈值孔径越小，小孔的数量越多，混凝土更加密实，抗压强度越大；而临界孔径反映孔隙的连通性，其与抗压强度的关联程度小于阈值孔径，说明孔的连通性对抗压强度的影响弱于大孔数量对抗压强度的影响。

　　由 7.4.4 节分析可知，凝胶孔、中型毛细孔、大毛细孔与抗压强度有关。为了明确三种孔径分布对抗压强度的影响，将凝胶孔、中型毛细孔、大毛细孔作为比较列，抗压强度作为参考列进行灰熵分析，按照式(7.10)~式(7.19)进行计算，得到三种孔径范围与抗压强度的灰熵关联度，如图 7.15 所示。

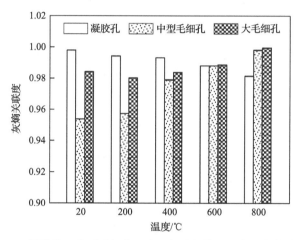

图 7.15　凝胶孔、中型毛细孔、大毛细孔与抗压强度的灰熵关联度

　　由图 7.15 可以看出，碳化高温后混凝土的三种孔径范围参数在 400℃前后与抗压强度有不同的灰熵关联程度。在 400℃之前(包括 400℃)三种孔径范围参数与抗压强度的灰熵关联度从大到小依次为凝胶孔、大毛细孔、中型毛细孔，表明在 400℃之前碳化对混凝土孔结构的"密实"作用大于高温对混凝土孔结构的"粗化"作用，随着温度的升高，高温的"粗化"作用逐渐增强；在 400℃之后三种孔径范围参数与抗压强度的灰熵关联度从大到小依次为大毛细孔、中型毛细孔、凝胶孔，表明 400℃之后高温对混凝土孔结构的"粗化"作用大于碳化对混凝土孔结构的"密实"作用，温度越高，混凝土基体"粗化"越严重，结构也越"疏松多孔"，大孔数量显著增加，对抗压强度的影响更加显著。

7.6　碳化高温后混凝土孔结构分形特征研究

　　目前，基于孔结构测试的压汞法和光学法的分形模型已经得到了广泛的应用。其中，基于压汞法的分形模型包括 Menger 海绵分形模型[9,10]、空间填充分形模型[11]、孔轴线分形模型[12]和基于热力学关系的分形模型[13,14]。Menger 海绵分形模型、空间填充分形模型和孔轴线分形模型均是将孔隙结构简化为理想的数学几何体来计算分形维数，这种假设使模型与实际孔隙结构之间产生差异，导致结果存在误差，然而基于热力学关系的分形模型是基于压汞测孔过程中汞液面表面能的增加与外力对汞所做的功相等的原理求得的，故而更贴近实际情况。通过 Menger 海绵分形模型和基于热力学关系的分形模型对比分析建立适合碳化高温后混凝土孔结构的分形模型。

7.6.1　Menger 海绵分形模型

Menger 海绵分形模型是一个经典的分形模型，其具体构造过程如下：取一个边长为 R 的立方体作为初始元，将其每边等分为 m 份，即将初始立方体等分为 m^3 个等大的小立方体，每个小立方体边长为 $r_k=R/m$。选定一个规则，去掉其中的 n 个立方体，则剩下立方体的数量 N_1 为

$$N_1 = m^3 - n \tag{7.20}$$

按此规则不断进行操作，则剩下的立方体的尺寸不断减小，数量不断增加。经过 k 次迭代构造后，剩下的小立方体数量 N_k 为

$$N_k = \left(m^3 - n\right)^k \tag{7.21}$$

立方体的数量 N_k 与分形维数 D_f 关系为

$$N_k = \left(r_k/R\right)^{-D_f} \tag{7.22}$$

式中：D_f 为 Menger 海绵分形模型计算出的分形维数，$D_f = \lg N_1 / \lg m$。

相应剩余立方体的体积 V_k 为

$$V_k = r_k^{3-D_f} \big/ R^{-D_f} \tag{7.23}$$

孔隙体积 V_ϕ 为

$$V_\phi = R^3 - V_k \tag{7.24}$$

孔隙率 ϕ 为

$$\phi = \frac{V_\phi}{R} = 1 - \left(\frac{r_k}{R}\right)^{3-D_f} \tag{7.25}$$

根据式(7.23)可导出

$$V_k \propto r_k^{\,3-D_{\mathrm f}} \tag{7.26}$$

将式(7.26)两侧取导数再取对数可得

$$\lg\left(\frac{\mathrm{d}V_k}{\mathrm{d}r_k}\right) \propto \left(2-D_{\mathrm f}\right)\lg r_k \tag{7.27}$$

将式(7.24)代入式(7.27)可得

$$\lg\left(-\frac{\mathrm{d}V_\phi}{\mathrm{d}r_k}\right) \propto \left(2-D_{\mathrm f}\right)\lg r_k \tag{7.28}$$

根据式(7.28)，将压汞法测定数据 $-\mathrm{d}V_\phi/\mathrm{d}r_k$ 和孔径 r_k 分别取对数后绘制曲线，通过拟合曲线斜率即可求出 Menger 海绵分形模型的分形维数 $D_{\mathrm f}$。以碳化 0 天 20℃下混凝土的孔结构数据为例进行处理，基于 Menger 海绵分形模型的 $\lg\left(-\mathrm{d}V_\phi/\mathrm{d}r_k\right)$-$\lg r_k$ 散点图以及拟合结果如图 7.16 所示。从图 7.16 中可以看出，$\lg\left(-\mathrm{d}V_\phi/\mathrm{d}r_k\right)$-$\lg r_k$ 在整个孔径范围内关系较强，其中部分数据偏离直线，R^2=0.9597，但是依然有明显的分形特征。

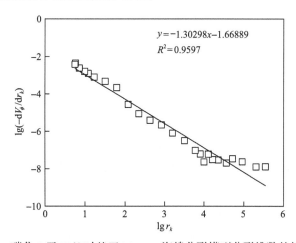

图 7.16　碳化 0 天 20℃时基于 Menger 海绵分形模型分形维数的拟合结果

7.6.2　基于热力学关系的分形模型

采用压汞法测量混凝土孔体积与孔径的关系时，外界环境对汞所做的功等于进入孔隙内汞液的表面能的增加量，所施加于汞的压强 p 和汞侵入体积 V 满足

$$\int_0^V p\,\mathrm{d}V = -\int_0^S \sigma \cos\theta\,\mathrm{d}S \tag{7.29}$$

式中：σ 为汞液面的表面张力，N/m；θ 为混凝土表面与汞的接触角；S 为混凝土孔表面积，m^2。

通过量纲分析，可以将混凝土的孔表面积 S 的分形标度与孔径 r 和汞侵入体积 V 进行关联，得到基于热力学关系的分形模型。对于进汞操作，可将式（7.29）近似写为离散形式：

$$\sum_{i=1}^n \overline{p_i} \cdot \Delta V_i = C r_n^{2-D_s} V_n^{D_s/3} \tag{7.30}$$

式中：$\overline{p_i}$ 为第 i 次进汞时的平均压力，Pa；ΔV_i 为第 i 次进汞时的汞侵入体积，m^3；n 为进汞时施加压力的间隔数；C 为系数；r_n 为第 n 次进汞时的孔径，m；V_n 为累积汞侵入体积，m^3；D_s 为计算得到的分形维数。

将式（7.30）重新整理可得

$$\sum_{i=1}^n \overline{p_i} \cdot \Delta V_i = C r_n^2 \left(\frac{V_n^{1/3}}{r_n}\right)^{D_s} \tag{7.31}$$

令 $W_n = \sum_{i=1}^n \overline{p_i} \cdot \Delta V_i$，$Q_n = V_n^{1/3}/r_n$，则

$$\lg\left(\frac{W_n}{r_n^2}\right) = D_s \lg Q_n + \lg C \tag{7.32}$$

根据式（7.32），通过计算求出 W_n/r_n^2 和 Q_n，并绘制曲线，通过拟合曲线斜率即可求出基于热力学关系的分形维数 D_s。取碳化 0 天 20℃下混凝土的孔结构数据进行处理，基于热力学关系的分形模型的 $\lg\left(W_n/r_n^2\right)$ 和 $\lg Q_n$ 散点图以及拟合结果如图 7.17 所示。显然，基于热力学关系的分形模型在整个孔径范围内分形维数存在非常高的线性相关性，$R^2=0.99945$，这意味着此模型在整个孔径范围内分形特征非常显著。而且，与 Menger 海绵分形模型相比，基于热力学关系的分形模型可以更全面地描述碳化高温环境下混凝土的分形维数，即混凝土的孔结构更加符合基于热力学关系的分形模型计算得出的分形维数。

分形维数是对具有自相似性和标度不变性的分形介质进行定量描述的参数，表征分形介质的复杂程度和粗糙程度[15]，分形维数越大，说明混凝土基体内部的

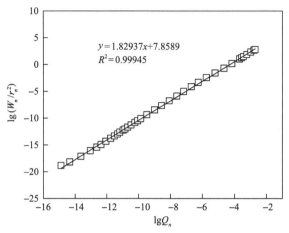

图 7.17　碳化 0 天 20℃时基于热力学关系的分形模型分形维数的拟合结果

构造越复杂，基体内部孔隙的空间填充能力越强，基体变得更加致密。基于热力学关系的分形模型，计算不同碳化龄期和温度下混凝土孔结构的分形维数，结果如图 7.18 所示。从图中可以看出，同一温度下，碳化后较未碳化混凝土的分形维数大。400℃之前，碳化后混凝土的分形维数随温度升高整体呈增大趋势，而未碳化混凝土的分形维数随温度升高变化不大，表明 400℃前碳化使混凝土内部构造变复杂，基体更致密；400℃之后，各混凝土试件的分形维数随温度的升高大幅降低。其中，未碳化混凝土和碳化 7 天混凝土 400～600℃分形维数下降速度最快，碳化 14 天和碳化 28 天混凝土 600～800℃分形维数下降速度最快，表明高温（大于 400℃）使混凝土内部构造变简单，基体变疏松。

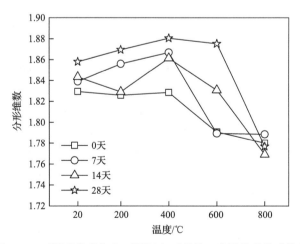

图 7.18　不同碳化龄期和不同温度下混凝土孔结构的分形维数

参 考 文 献

[1] 李蓓, 金南国, 田野, 等. 热重分析法在混凝土碳化深度检测中的应用[J]. 混凝土与水泥制品, 2020, 294 (10): 80-82, 86.

[2] Kurda R, de Brito J, Silvestre J D. Carbonation of concrete made with high amount of fly ash and recycled concrete aggregates for utilization of CO_2[J]. Journal of CO_2 Utilization, 2019, 29: 12-19.

[3] Papadakis V G, Vayenas C G, Fardis M N. Experimental investigation and mathematical modeling of the concrete carbonation problem[J]. Chemical Engineering Science, 1991, 46 (5): 1333-1338.

[4] Liu X, Niu D, Li X, et al. Effects of $Ca(OH)_2$-$CaCO_3$ concentration distribution on the pH and pore structure in natural carbonated cover concrete: A case study[J]. Construction and Building Materials, 2018, 186: 1276-1285.

[5] Zeng Q, Wang X H, Yang P C, et al. Tracing mercury entrapment in porous cement paste after mercury intrusion test by X-ray computed tomography and implications for pore structure characterization[J]. Materials Characterization, 2019, 151: 203-215.

[6] Pipilikaki P, Beazi-Katsioti M. The assessment of porosity and pore size distribution of limestone Portland cement pastes[J]. Construction and Building Materials, 2009, 23 (5): 1966-1970.

[7] Li C Z. Mechanical and transport properties of recycled aggregate concrete modified with limestone powder[J]. Composites Part B: Engineering, 2020, 197: 108189.

[8] 杜栋, 庞庆华, 吴炎. 现代综合评价方法与案例精选[M]. 北京: 清华大学出版社, 2005.

[9] 唐明. 混凝土孔隙分形特征的研究[J]. 混凝土, 2000, 8: 3-5.

[10] 唐明, 李晓. 混凝土分形特征研究的现状与进展[J]. 混凝土, 2004, 12: 8-11.

[11] Ji X, Chan S Y N, Feng N. Fractal model for simulating the space-filling process of cement hydrates and fractal dimensions of pore structure of cement-based materials[J]. Cement and Concrete Research, 1997, 27 (11): 1691-1699.

[12] 尹红宇. 混凝土孔结构的分形特征研究[D]. 南宁: 广西大学, 2006.

[13] Zhang B Q, Li S F. Determination of the surface fractal dimension for porous media by mercury porosimetry[J]. Industrial & Engineering Chemistry Research, 1995, 34 (4): 1383-1386.

[14] Zhang B Q, Liu W, Liu X F. Scale-dependent nature of the surface fractal dimension for bi- and multi-disperse porous solids by mercury porosimetry[J]. Applied Surface Science, 2006, 253 (3): 1349-1355.

[15] 张金喜, 金珊珊. 水泥混凝土微观孔隙结构及其作用[M]. 北京: 科学出版社, 2014.

第8章 高温持荷下混凝土抗压性能和损伤演化规律

混凝土高温抗压性能在结构的耐火安全设计中是最基本和最重要的性能。对于正常服役状态下的混凝土结构，还会持续承受上部结构传递的压缩荷载。因此，为了更准确地评估混凝土结构的抗火性能，迫切需要探究高温和持续荷载共同作用下混凝土的抗压力学性能以及其高温损伤演化的物理本质，以获得更符合实际服役条件的混凝土高温材料参数和相应的力学模型。本章基于DIC方法和轴心抗压强度试验，分析混凝土在持荷加热阶段和压缩破坏阶段的变形演化特征，从细观上解释持续荷载对混凝土高温变形的影响机理，探究持续荷载对混凝土高温力学性能的影响规律，建立高温和持续荷载共同作用下的混凝土损伤本构模型。

8.1 试 验 概 况

8.1.1 原材料和试件尺寸

混凝土强度为 C30，原材料和配合比可见 2.1.1 节。在本试验中，试件尺寸均根据规范《混凝土物理力学性能试验方法标准》（GB/T 50081—2019）[1]的要求确定，采用尺寸为 100mm×100mm×300mm 的棱柱体试件进行持荷高温抗压试验，如图 8.1 所示。根据规范，每种试验工况条件下均制备 3 个试件。所有试件浇筑

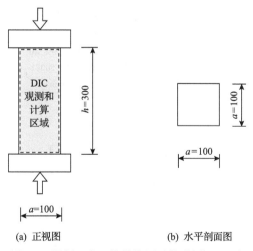

(a) 正视图   (b) 水平剖面图

图 8.1 混凝土高温持荷抗压试件(单位：mm)

成型后，放入标准养护室养护 28 天，然后取出在室内晾干 2～3 天，用于高温持荷抗压试验。

8.1.2 高温持荷抗压试验

高温持荷抗压试验的流程如图 8.2 所示。高温持荷抗压试验主要分为两个阶段：持荷加热阶段和加载破坏阶段，其中每个阶段的加热条件、加载条件以及变形测量方法如图 8.2 所示。具体流程为：试验前，首先在常温下进行轴心抗压强度试验，测试混凝土的抗压强度 f_c。抗压强度参考规范《混凝土物理力学性能试验方法标准》（GB/T 50081—2019）[1]的规定计算，加载速率采用 0.5MPa/s。持荷加热试验阶段，在开始升温的同时对试件预先施加持续荷载，持续荷载水平分别为常温抗压强度的 0%、20%、40%、60%。预加载完成需要 3～4min。然后，保持荷载水平恒定，完成试件的升温和恒温加热过程。试验设置五个目标温度：20℃（室温）、200℃、400℃、600℃、800℃。采用 ISO-834 标准火灾升温曲线[2]进行升温，当达到目标温度后，保持目标温度恒定，再恒温 60min，持荷加热阶段完成。加载破坏试验阶段，在高温环境和持续荷载条件下直接对试件进行加载破坏试验，测试其剩余抗压性能。同时，在高温持荷试验全过程中(持荷加热阶段和加载破坏阶段)，采用 DIC 方法对混凝土表面位移场和应变场进行同步测试。混凝土轴心抗压强度试验的 DIC 观测和计算区域如图 8.1 所示。

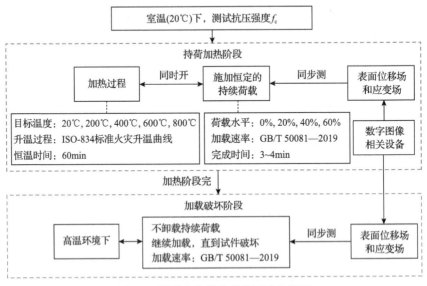

图 8.2 混凝土高温持荷抗压试验流程

高温持荷抗压试验采用自主设计的混凝土高温抗压力学性能测试系统，如图 8.3 所示。该系统由高温加热设备和电液伺服万能试验机两部分组成。高温加热设备

包括高温箱式炉、高温加热控制柜和冷水机。高温箱式炉炉膛尺寸宽×高×深=
250mm×500mm×350mm。如图 8.3 所示，在高温箱式炉上设置一个 150mm×300mm
观测窗口，使 DIC 设备通过该窗口来测量混凝土表面的位移场和应变场，解决了常
规位移和应变测量方法在高温环境下无法使用的问题。高温箱式炉采用硅碳棒进行
加热，通过高温加热控制柜调控温度和加热速率，冷水机在高温试验过程中给高温
合金支座降温。高温加热设备长期工作温度为 100～1100℃，额定功率为 30kW。

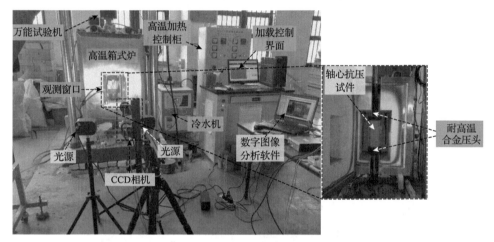

图 8.3 混凝土高温持荷抗压力学性能测试系统

8.1.3 DIC 方法

DIC 方法的基本原理和试验设备详见 2.1.3 节。该测试系统中 CCD 相机镜头
最大分辨率为 1624(H)×1224(V)像素，最大帧数为 30FPS，应变精度≤50×10⁻⁶，
采样频率为 200ms/帧。

在高温环境下，热空气和红外光线会对 DIC 设备的采集产生较大影响。为
了降低图像噪声引起的 DIC 计算误差，首先，在高温箱加装两个定向风扇，引
导热气流向固定方向流动，达到消除热空气影响的目的；其次，在 CCD 相机图
像采集镜头上增加蓝色滤光片，仅让波长介于 425～475nm 的光线通过，波长大
于 480nm 的红光及红外光线无法通过，从而达到消除高温红光干扰的目的，如
图 8.4 所示。

在 DIC 试验前，需要在混凝土表面制作散斑，而常温时采用普通哑光漆制作的
散斑在高温环境中会出现褪色和剥落现象，使灰度图像的对比度降低，计算精度下
降。本试验采用耐 800℃高温的用于汽车发动机和制动卡钳的哑光黑色和白色喷漆
制作散斑，其中白色喷漆用于喷涂底色，黑色喷漆用于喷涂散斑。通过对比高温试
验前后的散斑效果图可以发现，高温后散斑无褪色和剥落现象，如图 8.5 所示。使

用 DIC 分析软件对散斑质量进行评估, 结果表明该散斑质量可满足测试需求。

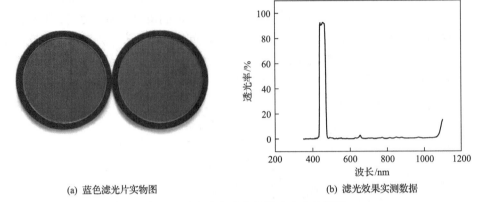

| (a) 蓝色滤光片实物图 | (b) 滤光效果实测数据 |

图 8.4 蓝光滤光片实物图及滤光效果图

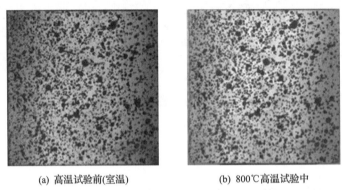

| (a) 高温试验前(室温) | (b) 800℃高温试验中 |

图 8.5 高温试验前和 800℃高温试验中散斑效果图对比

8.2 高温和持续荷载作用下混凝土抗压变形特性分析

8.2.1 持荷加热阶段混凝土抗压变形演化特性

1. 混凝土自由热膨胀变形

在持荷加热阶段, 当持续荷载为 0 时, 混凝土受热后的变形为自由热膨胀变形。以 200℃为例, 给出了混凝土自由热膨胀过程中的位移分布云图和应变分布云图, 如图 8.6 所示。由图 8.6(a)和(b)可知, 随着受热时间的延长, 试件向上和向左产生正向位移, 试件向下和向右产生负向位移, 说明试件发生整体的热膨胀变形。由图 8.6(c)和(d)可知, 随着受热时间的延长, 混凝土竖向应变由上下两侧向中心位置逐渐增加, 水平应变由左右两侧向中心位置逐渐增加, 这表明试件温度由外到内逐渐增加。当加热阶段完成时(约 67min)，试件的水平应变和竖向应变均达到均匀状态，说明试件达到受热均匀的状态。而且竖向应变与水平应变的值也基本相等，说明混凝土自由热膨胀应变在各个方向上是相等的。

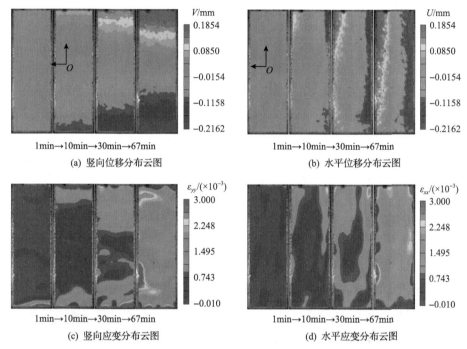

(a) 竖向位移分布云图

(b) 水平位移分布云图

(c) 竖向应变分布云图

(d) 水平应变分布云图

图 8.6　混凝土自由热膨胀过程中的位移分布云图和应变分布云图(以 200℃为例)

图 8.7 给出了不同温度下混凝土自由热膨胀在加热阶段完成时的竖向应变和水平应变分布云图。由图 8.7 可知，不同温度下混凝土的竖向应变和水平应变均能达到均匀状态，说明试件最后均能均匀受热。

2. 持续荷载作用下混凝土高温竖向变形

当持续荷载不为 0 时，持续压缩荷载会使混凝土产生高温蠕变，约束混凝土的竖向热膨胀变形。在荷载与温度共同作用下，混凝土的竖向变形是压缩还是膨胀，与荷载和温度有关。图 8.8 给出了荷载和温度共同作用下混凝土的竖向应变分布云图。由图 8.8(a)可知，当温度较低(200℃)、持续荷载水平较小(20%f_c)时，混凝土高温损伤较小，持续荷载引起的蠕变应变小于热膨胀应变，混凝土发生热膨胀变形。由图 8.8(b)可知，当温度较低(200℃)、持续荷载水平较大(60%f_c)时，混凝土高温损伤较小，但是持续荷载引起的蠕变应变大于热膨胀应变，混凝土处于压缩状态。由图 8.8(c)可知，当温度较高(800℃)、持续荷载水平较小(20%f_c)时，混凝土高温损伤较大，刚度减小，持续荷载引起的蠕变变形显著增加，且大

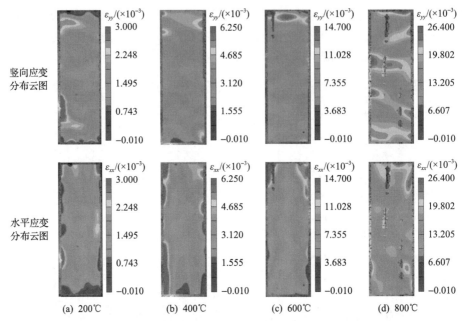

图 8.7　加热阶段完成时不同温度下混凝土自由热膨胀变形状态

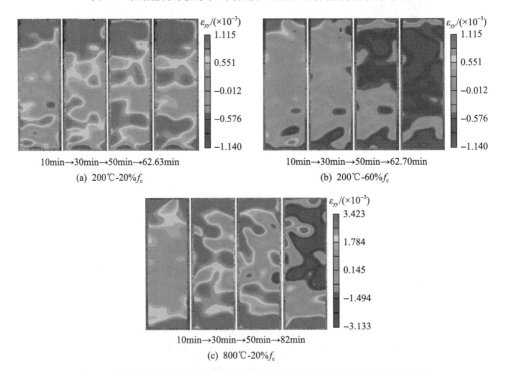

图 8.8　持荷加热阶段荷载和温度共同作用下混凝土竖向应变分布云图

于热膨胀变形，混凝土处于压缩状态。这说明温度越高，持续荷载对混凝土热膨胀变形的约束作用越显著。

由图 8.8 还可知，持续荷载作用下混凝土的竖向应变不是均匀分布的，会出现许多发生显著压缩的局部区域，这与混凝土自由热膨胀的竖向应变云图明显不同。这是因为持续荷载会逐渐压实混凝土的疏松和薄弱部位。

3. 持续荷载作用下混凝土高温横向变形

当持续荷载不为 0 时，混凝土水平应变受持续荷载和温度共同影响。图 8.9 给出了不同持续荷载和温度作用下混凝土在持荷加热阶段完成时的水平应变分布云图。由图 8.9 可知，持续荷载作用下混凝土水平应变要大于自由热膨胀时的水平应变。当温度为 200℃和 400℃时，混凝土水平应变随荷载水平的增加无明显变化；当温度为 600℃和 800℃时，水平应变随荷载水平的增加逐渐增加。需要注意的是，持续荷载作用下，试件上下两端的水平应变略小于中间位置处，这是压头

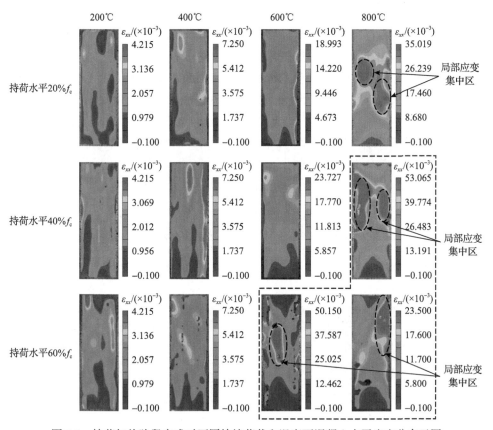

图 8.9　持荷加热阶段完成时不同持续荷载和温度下混凝土水平应变分布云图
黑色虚线框内的试件在加热阶段发生破坏

对混凝土的环箍效应导致的。

由图 8.9 还可知，在较高荷载水平或较高温度下，混凝土会产生局部应变集中区。局部应变集中能反映混凝土在该区域产生了较大程度的损伤。在图 8.9 中，对于试件 800℃-20%f_c 和 600℃-60%f_c，局部应变集中区出现在试件中部位置。这是因为在较长的加热过程中，试件内外温度趋于一致，各个位置处的高温损伤程度基本相同。因此，试件损伤由压缩荷载主导，中部过大的横向变形导致局部应变集中。在图 8.9 中，对于试件 800℃-40%f_c 和 800℃-60%f_c，局部应变集中区出现在试件两侧。这是因为这两个试件受热时间较短(提前发生破坏而没有完成持荷加热过程)，试件内外温差较大，两侧的高温损伤程度大于中心位置处。因此，试件损伤由温差主导，由表层剥落导致在试件两侧位置处出现局部应变集中。而且，宏观裂缝将会由局部应变集中区开始萌生和扩展，并最终导致试件发生破坏(如虚线框内的三个试件 600℃-60%f_c、800℃-40%f_c 和 800℃-60%f_c)。

8.2.2　加载破坏阶段混凝土抗压变形演化特征

为探究试件在压缩破坏阶段的变形演化规律及其破坏机理，首先以常温情况(20℃)为例，给出了该试件加载破坏全过程的位移分布云图和应变分布云图，如图 8.10 所示。由图 8.10(a)竖向位移分布云图和图 8.10(c)竖向应变分布云图可知，随着荷载的增大，试件逐渐被压缩。由图 8.10(b)水平位移分布云图可知，随着荷

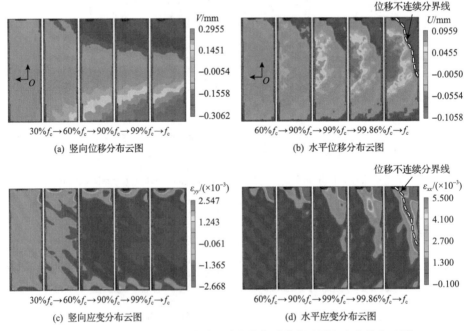

图 8.10　常温下混凝土压缩破坏阶段的位移分布云图和应变分布云图

载增大,试件逐渐产生横向膨胀变形。当荷载大于 99%f_c 时,云图中出现明显的位移不连续分界线,如图 8.10(b)中白色虚线所示,表明试件产生了宏观裂缝并不断扩展。相应地,由图 8.10(d)水平应变分布云图可知,在荷载较小时(60%f_c),试件水平应变均匀且数值较小。当荷载为 90%f_c 时,在试件顶部开始萌生较短的局部应变集中带,表明试件顶端产生了宏观裂缝。当荷载大于 99%f_c 时,局部应变集中带迅速扩展并贯穿试件 2/3 的高度,进而导致试件发生明显的脆性破坏。

　　图 8.11 给出了不同温度下混凝土破坏过程的变形演化特征。当温度为较低的 200℃时,如图 8.11(a)所示,宏观裂缝的萌生和扩展过程历时很短,在 99.2%f_{cT}～100%f_{cT} 范围内(其中 f_{cT} 为对应温度下的剩余抗压强度),且仅有一条主裂缝贯穿试件,表明混凝土破坏具有明显的脆性特征。随着温度的升高,如图 8.11(b)～(d)所示,宏观裂缝萌生会更早,当温度为 800℃、荷载为 80%f_{cT} 时,局部应变集中区域就开始出现。与此同时,宏观裂缝的弥散和分叉程度增加,使破坏过程的能耗增加,因此混凝土的破坏特征由脆性逐渐向延性转变。

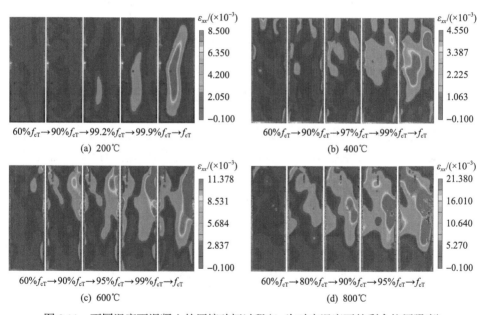

图 8.11　不同温度下混凝土的压缩破坏过程(f_{cT} 为对应温度下的剩余抗压强度)

　　图 8.12 给出了持续荷载对混凝土高温变形演化特征的影响。当温度不变(以 200℃为例)、持续荷载逐渐增大时,如图 8.12 所示,宏观裂缝的弥散和分叉程度明显增加。这是因为持续荷载会使混凝土内部微裂缝和孔隙闭合,同时持续荷载还会约束混凝土的热膨胀变形,减小混凝土的开裂损伤,降低混凝土内部微裂缝的数量。因此,没有明显裂缝扩展的薄弱方向,宏观裂缝会向多个方向同时扩展。

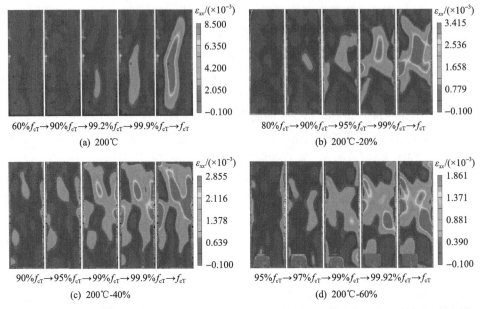

$60\%f_{cT}\rightarrow90\%f_{cT}\rightarrow99.2\%f_{cT}\rightarrow99.9\%f_{cT}\rightarrow f_{cT}$

(a) 200℃

$80\%f_{cT}\rightarrow90\%f_{cT}\rightarrow95\%f_{cT}\rightarrow99\%f_{cT}\rightarrow f_{cT}$

(b) 200℃-20%

$90\%f_{cT}\rightarrow95\%f_{cT}\rightarrow99\%f_{cT}\rightarrow99.9\%f_{cT}\rightarrow f_{cT}$

(c) 200℃-40%

$95\%f_{cT}\rightarrow97\%f_{cT}\rightarrow99\%f_{cT}\rightarrow99.92\%f_{cT}\rightarrow f_{cT}$

(d) 200℃-60%

图 8.12　不同持续荷载水平下混凝土的压缩破坏过程(其中 f_{cT} 为对应温度下剩余抗压强度)

8.3　高温和持续荷载作用下混凝土瞬态蠕变应变

　　高温和持续荷载共同作用下混凝土会产生明显的瞬态蠕变应变。对于本试验，瞬态蠕变应变 ε_{tc} 等于混凝土自由热膨胀应变 ε_{th} 与总应变 ε_{total} 的差值。基于 DIC 方法测得的热变形场，分别提取了不同荷载水平和温度下混凝土的自由热膨胀应变和总应变曲线，并将二者作差得到混凝土瞬态蠕变应变曲线，如图 8.13 所示。

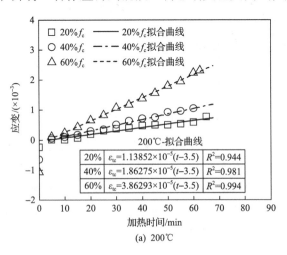

(a) 200℃

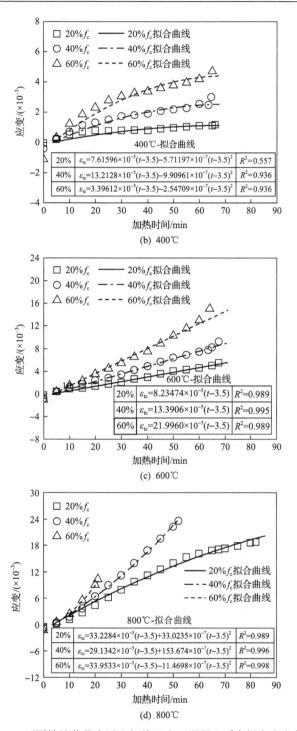

(b)　400℃

(c)　600℃

(d)　800℃

图 8.13　不同持续荷载水平和加热温度下混凝土瞬态蠕变应变曲线

由图 8.13 可知，混凝土瞬态蠕变应变随着持续荷载水平和加热温度提高以及加热时间的延长而增加。当温度为 200℃和 600℃时，如图 8.13(a)和(c)所示，瞬态蠕变应变随加热时间的延长近似呈线性增加。当温度为 400℃时，如图 8.13(b)所示，瞬态蠕变应变的增长速率随加热时间的延长逐渐变缓，这是因为在该温度下化学结合水的脱出以及水泥颗粒的进一步水化[3]，使得基体的强度和抗变形能力提高。当温度为 800℃且持续荷载较小(20%f_c)时，如图 8.13(d)所示，瞬态蠕变应变的增加速率随加热时间的延长逐渐变缓，这是因为在该温度下混凝土自由热膨胀应变逐渐达到极限，增长速率变缓，因此自由热膨胀应变与总应变之差的增加速率也就变缓；当温度为 800℃且持续荷载较大(40%f_c和 60%f_c)时，瞬态蠕变应变的增加速率随加热时间的延长逐渐变快，同时试件会提前发生破坏，这是因为在该温度下混凝土基体疏松劣化严重，其强度及抗变形能力大幅下降。

采用式(8.1)对混凝土高温瞬态蠕变应变进行拟合。

$$\varepsilon_{tc} = \varepsilon_{tc}\left(\sigma_s, T, t\right) = m(t-3.5) + n(t-3.5)^2, \quad t \geqslant 3.5 \tag{8.1}$$

式中：σ_s 为持续荷载，MPa；T 为目标温度，℃；t 为加热时间，min；m 和 n 为拟合系数。

近似认为，在 0<t<3.5min 内为持续荷载的施加阶段，高温瞬态蠕变较小，可忽略。当 n=0 时，式(8.1)为一次函数，可用于拟合 200℃和 600℃时的瞬态蠕变应变曲线；当 $n\neq0$ 时，式(8.1)为二次函数，可用于拟合 400℃和 800℃时的瞬态蠕变应变曲线。图 8.13 给出了利用式(8.1)拟合计算的不同温度和持续荷载水平下混凝土的瞬态蠕变应变曲线。将该拟合结果与试验结果进行对比，二者具有较好的一致性。

8.4 高温和持续荷载作用下混凝土压缩应力-应变曲线

8.4.1 无持续荷载作用时温度对压缩应力-应变曲线的影响

图 8.14 给出了无持续荷载作用时混凝土在不同温度下的压缩应力-应变曲线。由图可知，随着温度升高，应力-应变曲线逐渐变得平缓，应力峰值点位置逐渐向下和向右移动。200℃和 400℃时混凝土弹性模量的降低幅度不是很大，200℃时峰值应力相对于常温时下降幅度较大，约为 30%，而到了 400℃时峰值应力又有所提高，但仍低于常温时的峰值应力。这是因为 200℃是混凝土自由水蒸发的主要温度，自由水蒸发使得呈孔隙结构的混凝土基体的有效受力面积减小，因此在相同荷载作用下，孔壁压力会增大，从而使混凝土的承载能力降低。同时，水蒸气蒸发也会产生蒸气压，导致混凝土内部产生微裂缝，加剧基体的损伤。而 400℃

时峰值应力的下降幅度有所减小，主要是由于基体中 C-S-H 凝胶和水化硫铝酸盐的化学结合水的脱出，以及水泥颗粒的进一步水化[3]，使得基体强度有一定程度的提高。此外，混凝土在 200℃和 400℃时热膨胀变形较小，因此温度不均匀和热变形不协调所导致的热开裂损伤也相对较小。

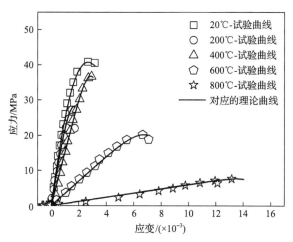

图 8.14　无持续荷载作用时混凝土在不同温度下的压缩应力-应变曲线(由 8.5 节模型计算)

由图 8.14 还可知，当温度为 600℃和 800℃时，混凝土峰值应力和弹性模量大幅降低，峰值应变大幅增加，这主要是由于基体中的 C-S-H 凝胶和 $Ca(OH)_2$ 以及石灰石骨料逐步分解[3]，导致基体内部疏松劣化，产生大量裂缝，从而降低了混凝土的高温力学性能。当温度为 800℃时，峰值应力的降幅约为 80%。另外，600℃和 800℃时，混凝土的自由热膨胀变形会很大，因此由温度不均匀和热变形不协调所导致的热开裂会变得非常显著，使混凝土基体疏松劣化，加剧混凝土的高温损伤。

8.4.2　高温和持续荷载共同作用对压缩应力-应变曲线的影响

图 8.15 给出了不同温度和持续荷载作用时混凝土压缩应力-应变曲线。由图可知，当温度一定时，在持续荷载作用下，混凝土的峰值应力有所提高，峰值应变降低。持续荷载作用对混凝土的高温力学性能具有一定的改善作用。

具体来看，由图 8.15(a) 和 (b) 可知，200℃和 400℃时，持续荷载对混凝土峰值应力在 20%f_c 持续荷载时有小幅下降，在 40%f_c 和 60%f_c 持续荷载时又有小幅提升。此时，混凝土的高温损伤较小，热膨胀变形也较小，持续荷载约束热膨胀变形进而抑制热开裂损伤的作用也就较小，因此对混凝土高温力学性能的提高幅度较小。持续荷载为 20%f_c 时强度下降的原因可能是，持续荷载尽管能约束混凝土

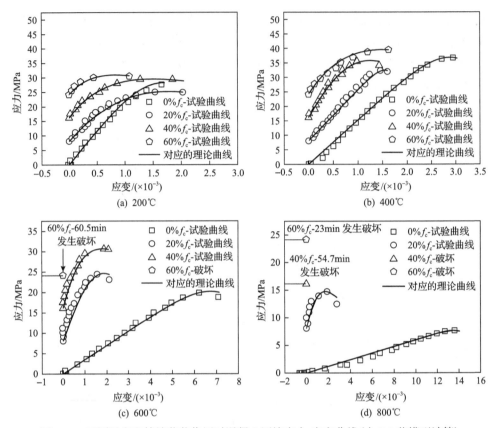

图 8.15　不同温度和持续荷载作用时混凝土压缩应力-应变曲线（由 8.5 节模型计算）

竖向热膨胀变形，但是对混凝土横向变形的约束能力很小，较大的横向变形会更容易导致试件开裂破坏。当持续荷载较大（40%f_c 和 60%f_c）时，持续荷载的增加会使压头对混凝土的横向约束作用增强，即环箍效应增大，因此试件会更晚发生破坏，其强度也更高一些。

由图 8.15(c) 和 (d) 可知，600℃和 800℃时，随着持续荷载水平的提高，峰值应力和初始弹性模量均明显提高，峰值应变明显减小，此时持续荷载对减小混凝土高温损伤的作用非常显著。这是因为在温度较高时混凝土会产生较大的热膨胀变形，而持续荷载能够有效约束混凝土的热膨胀变形，从而抑制混凝土的开裂损伤，提高混凝土的高温力学性能。但是，持续荷载并不是越大越好，当温度为 600℃、持续荷载为 60%f_c 时，以及温度为 800℃、持续荷载为 40%f_c 和 60%f_c 时，试件均在高温持荷过程中发生破坏。这说明在较高温度下，过高的持续荷载造成的荷载损伤超过了对高温损伤的缓减作用。因此，持续荷载需要在一个合理的范围内。

为进一步分析加热温度和持续荷载作用下混凝土压缩应力-应变关系，本节基于应力-应变试验曲线，给出了峰值应力、弹性模量和峰值应变三个关键性指标随温度和持续荷载的变化规律，如图 8.16 所示。由图可知，总体上，温度的升高会使峰值应力呈先减小再增大之后又减小的趋势，温度的升高也会使弹性模量降低，峰值应变增加。而持续荷载作用会在一定程度上提高混凝土的峰值应力和弹性模量，降低峰值应变。但是，上述三个指标随温度和持续荷载的变化规律无法使用某种二元曲面函数来拟合，因此本节建议采用双线性差值法来确定在任意温度和持续荷载下上述三个指标的数值，从而用于后续损伤本构模型的建立。

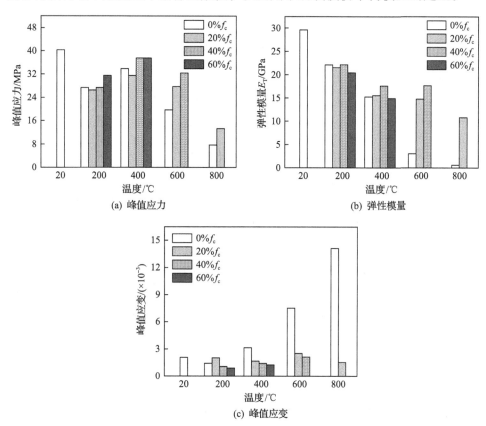

图 8.16　不同温度和持续荷载下混凝土峰值应力、弹性模量和峰值应变

8.5　高温和持续荷载作用下混凝土损伤本构模型

8.5.1　模型的建立

混凝土的损伤包括高温和持续荷载共同引起的物理和化学损伤，也包括考虑压缩荷载施加所引起的物理损伤。由高温和持续荷载共同引起的损伤可由初始弹

性模量定义为

$$D_{TL} = 1 - \frac{E_{TL}}{E_0} \tag{8.2}$$

式中：E_0 为常温环境下混凝土的弹性模量，MPa；E_{TL} 为环境温度为 T 并且持续荷载水平为 L 时混凝土的初始弹性模量，MPa。由 8.4.2 节可知，任意受热温度和荷载水平下混凝土的初始弹性模量 E_{TL} 可由双线性差值法来确定。

根据 Lemaitre 应变等价原理，在加载过程中混凝土损伤本构关系为

$$\sigma = (1 - D_{\mathrm{m}}) E_{TL} \varepsilon \tag{8.3}$$

式中：D_{m} 为施加压缩荷载产生的损伤度。

由式 (8.2) 和式 (8.3) 联立可得高温和持续荷载作用下混凝土的损伤本构关系为

$$\sigma = (1 - D_{\mathrm{m}})(1 - D_{TL}) E_0 \varepsilon \tag{8.4}$$

假设混凝土是由含有微裂缝和孔洞等随机缺陷的细观单元构成的，在加载过程中各个细观单元体的力学性能服从韦布尔分布，混凝土加载引起的损伤度 D_{m} 与细观单元体发生破坏的概率密度之间存在如下关系：

$$\frac{\mathrm{d}D_{\mathrm{m}}}{\mathrm{d}\varepsilon} = f(\varepsilon) = \frac{\beta}{\lambda} \left(\frac{\varepsilon}{\lambda} \right)^{\beta-1} \exp\left[-\left(\frac{\varepsilon}{\lambda} \right)^{\beta} \right] \tag{8.5}$$

将式 (8.5) 对应变积分即可得到加载引起的损伤度 D_{m} 的演化方程：

$$D_{\mathrm{m}} = 1 - \exp\left[-\left(\frac{\varepsilon}{\lambda} \right)^{\beta} \right] \tag{8.6}$$

式中：β 为形状参数，用来描述荷载引起的损伤程度 D_{m} 分布规律的基本形状，其取值范围为 $\beta > 0$；λ 为比例参数，用来描述 D_{m} 分布规律在横坐标尺度的延展性，但不改变形状，其取值范围为 $\lambda > 0$。

将式 (8.6) 代入式 (8.4) 可得混凝土损伤本构关系为

$$\sigma = (1 - D_{TL}) E_0 \varepsilon \exp\left[-\left(\frac{\varepsilon}{\lambda} \right)^{\beta} \right] \tag{8.7}$$

此外，由于持续荷载作用，混凝土在加载破坏过程中存在初始应力 σ_0，因此该损伤本构关系可进一步写为

$$\sigma = \sigma_0 + \left(1 - D_{TL}\right) E_0 \varepsilon \exp\left[-\left(\frac{\varepsilon}{\lambda}\right)^{\beta}\right] \tag{8.8}$$

8.5.2　模型参数的确定

混凝土压缩损伤本构模型满足三个边界条件：① $\varepsilon = 0$，$\mathrm{d}\sigma/\mathrm{d}\varepsilon = (1 - D_{TL}) E_0 = E_{TL}$，表示当应变 $\varepsilon = 0$ 时，应力-应变曲线的斜率等于初始弹性模量 E_{TL}。② $\varepsilon = \varepsilon_{\mathrm{c}}$，$\mathrm{d}\sigma/\mathrm{d}\varepsilon = 0$，表示在应力峰值点处，应变 $\varepsilon = \varepsilon_{\mathrm{c}}$，应力-应变曲线的斜率导数等于 0。③ $\varepsilon = \varepsilon_{\mathrm{c}}$，$\sigma = \sigma_{\mathrm{c}}$，表示在应力峰值点处，应变 $\varepsilon = \varepsilon_{\mathrm{c}}$，应力 $\sigma = \sigma_{\mathrm{c}}$。将上述三个条件代入式 (8.8) 可得

$$\beta = \frac{1}{\ln\left(\dfrac{E_{TL}\varepsilon_{\mathrm{c}}}{\sigma_{\mathrm{c}} - \sigma_0}\right)} \tag{8.9}$$

$$\lambda = \varepsilon_{\mathrm{c}}\left(\frac{1}{\beta}\right)^{-\frac{1}{\beta}} \tag{8.10}$$

由式 (8.9) 和式 (8.10) 计算得到不同加热温度和持续荷载下参数 β 和 λ 的值，如图 8.17 所示。由图可知，随着加热温度的升高，参数 β 和 λ 大致呈增大趋势，随着荷载水平的增加，参数 β 和 λ 大致呈减小趋势。但在加热温度为 200℃和 400℃时，上述两种趋势又会有一些突变 (或者叫异化或随机变化)，因此无法采用二元曲面函数进行拟合。建议采用双线性差值法来确定任意加热温度和持续荷载下的参数 β 和 λ。

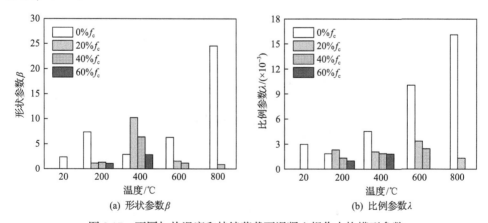

图 8.17　不同加热温度和持续荷载下混凝土损伤本构模型参数

8.5.3　模型的验证

为验证所提出的热力耦合损伤本构模型的有效性，首先用该模型对本节试验中混凝土在不同温度和持续荷载水平下的压缩应力-应变关系进行分析，得到混凝土压缩应力-应变理论曲线，并与试验测得的应力-应变曲线进行对比，如图 8.14 和图 8.15 所示。由图可知，理论曲线与试验曲线吻合良好。

为进一步验证模型有效性，将该模型用于计算文献[4]中的轴心抗压强度试验。其中，混凝土抗压强度为 70MPa，选择三个目标温度分别为 300℃、500℃ 和 800℃，持续荷载为 0%f_c 和 33%f_c，其中 f_c 是混凝土在室温下的抗压强度。在文献[4]中进行轴心抗压强度试验之前持续荷载被卸载，因此在计算理论应力-应变曲线时，持续荷载引起的初始应力 $\sigma_0=0$。文献[4]中混凝土的力学性能见表 8.1。

表 8.1　文献[4]中混凝土力学性能

性能指标	持续荷载为 0%f_c 时			持续荷载为 33%f_c 时		
	300℃	500℃	800℃	300℃	500℃	800℃
峰值应力 σ_c /MPa	75.71	49.17	23.53	79.33	54.98	33.72
峰值应变 ε_c	0.00325	0.00696	0.0123	0.00312	0.00248	0.00182
弹性模量 E_{TI}/GPa	28.10	12.35	5.26	31.01	29.78	28.75

图 8.18 给出了由所提出的模型计算的理论应力-应变曲线与文献[4]中的试验应力-应变曲线的比较。可以看出，理论曲线与试验曲线吻合较好。

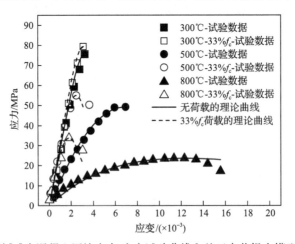

图 8.18　文献[4]中混凝土压缩应力-应变试验曲线和基于本节提出模型的理论曲线

8.5.4　温度和持续荷载水平对损伤度 D_m 曲线的影响

加载引起的损伤度 D_m 反映了加载过程中由荷载引起的混凝土损伤程度的演化规律。为探究温度和持续荷载水平对损伤度 D_m 的影响规律，图 8.19 和图 8.20 给出了不同温度和持续荷载下混凝土的损伤度 D_m 随应变增加的变化趋势曲线。由图 8.19(a)可知，在无持续荷载作用下，混凝土损伤度 D_m 曲线的增长趋势随温度的升高逐渐平缓。温度较低时，混凝土在加载破坏过程中会较早地进入损伤阶段，且损伤过程较长，峰值处对应的损伤度也较大。温度较高时，混凝土在加载破坏过程中会经历一个较长的无损压缩变形阶段，然后进入损伤阶段，这是因为该温度下混凝土基体疏松劣化，在加载过程中基体处于较长的被压实的过程，弹性模量损伤较小。而且从损伤开始到荷载达到峰值的过程相对较短，这是因为在较高温度下基体的强度相对较低，试件很快发生破坏，所以损伤阶段也就非常短暂。为了进一步研究不同温度下损伤度 D_m 在加载过程中的累积增长规律，对应变进行归一化处理，即将应变 ε 除以相应温度下的峰值应变 ε_c。从而得到损伤度 D_m 随归一化应变 $\varepsilon/\varepsilon_\mathrm{c}$ 的变化曲线。如图 8.19(b)所示。由图可知，损伤度 D_m 曲线的增长趋势仍随温度的升高而逐渐平缓。

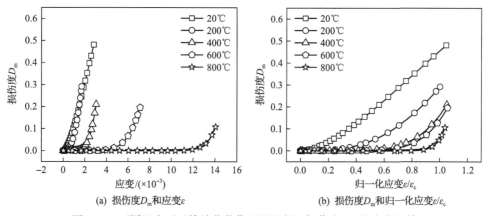

(a) 损伤度 D_m 和应变 ε　　　　　　(b) 损伤度 D_m 和归一化应变 $\varepsilon/\varepsilon_\mathrm{c}$

图 8.19　不同温度下无持续荷载作用的混凝土损伤度 D_m 的变化规律

由图 8.20 可知，当温度一定时，随着持续荷载水平的提高，混凝土损伤度 D_m 曲线的增长速率逐渐增大，且损伤度 D_m 曲线由凹函数向凸函数转变，表明持续荷载作用会使高温中混凝土在加载破坏时更早地进入损伤阶段且损伤速率会加快。此外，随着持续荷载水平的提高，峰值处对应的损伤度会有不同程度的提高。

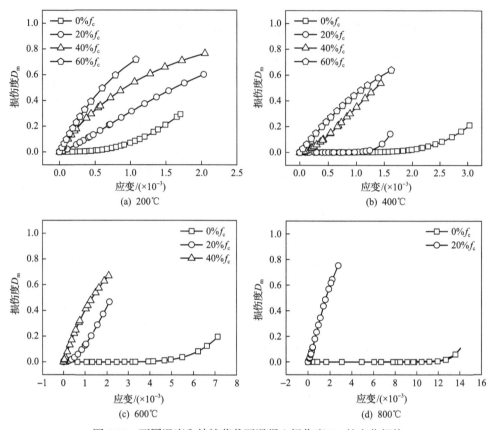

图 8.20　不同温度和持续荷载下混凝土损伤度 D_m 的变化规律

参 考 文 献

[1] 中华人民共和国住房和城乡建设部, 国家市场监督管理总局. GB/T 50081—2019　混凝土物理力学性能试验方法标准[S]. 北京: 中国建筑工业出版社, 2019.

[2] 中华人民共和国国家质量监督检验检疫总局, 中国国家标准化管理委员会. GB/T 9978.1—2008　建筑构件耐火试验方法 第 1 部分: 通用要求[S]. 北京: 中国标准出版社, 2009.

[3] Ma Q, Guo R, Zhao Z, et al. Mechanical properties of concrete at high temperature—A review[J]. Construction and Building Materials, 2015, 93: 371-383.

[4] Khaliq W, Taimur W. Mechanical and physical response of recycled aggregates high-strength concrete at elevated temperatures[J]. Fire Safety Journal, 2018, 96: 203-214.

第9章 高温持荷下混凝土弯曲变形演化和失效分析

混凝土高温抗弯性能是评价混凝土在火灾和高温环境下受弯承载能力最重要的性能指标。同时，上部结构传递的荷载也会影响混凝土高温抗弯性能。本章对混凝土进行高温持荷四点弯曲试验，基于 DIC 方法观测混凝土弯曲变形场演化特征，分析剩余抗折强度、挠度以及底部水平应变集中区张开位移随温度和持续荷载水平的变化规律。基于目标温度、持续荷载水平以及加热时间建立混凝土弯曲失效准则。

9.1 试 验 概 况

9.1.1 原材料和试件尺寸

混凝土强度为 C30，原材料和配合比可见 2.1.1 节。在本试验中，试件尺寸均根据规范《混凝土物理力学性能试验方法标准》（GB/T 50081—2019）[1]的要求确定，采用尺寸为 100mm×100mm×400mm 的棱柱体试件用于高温持荷抗折强度试验，如图 9.1 所示。根据规范，每种试验工况条件下均制备 3 个试件。所有试件浇筑成型后，放入标准养护室养护 28 天，然后取出在室内晾干 2～3 天，再用于高温持荷抗折强度试验。

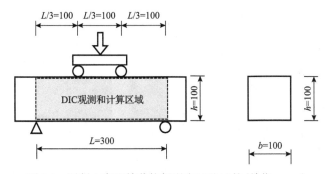

图 9.1 混凝土高温持荷抗折强度试验试件(单位：mm)

9.1.2 高温持荷抗折强度试验

高温持荷抗折强度试验的流程与 8.1.2 节高温持荷抗压强度试验类似。高温持荷抗折强度试验也分为两个阶段：持荷加热阶段和加载破坏阶段。其中，每个阶段的加热条件、加载条件以及变形测量方法与图 8.2 类似。具体流程为：试验前，在常温下进行四点弯曲试验，测试混凝土的抗折强度 f_b。抗折强度参考规范《混凝土物理力学性能试验方法标准》（GB/T 50081—2019）[1]的规定计算，加载速率采用 0.18kN/s。持荷加热试验阶段，在开始升温的同时对试件预先施加持续荷载，持续荷载水平分别为常温抗折强度的 0%、20%、40%、60%。预加载完成大概需要 3~4min。然后，保持荷载水平恒定，完成试件的升温和恒温加热过程。试验设置五个目标温度：20℃（室温）、200℃、400℃、600℃、800℃。采用 ISO-834 标准火灾升温曲线[2]进行升温，当达到目标温度后，保持目标温度恒定，再恒温 60min，持荷加热阶段完成。加载破坏试验阶段，在高温环境和持续荷载条件下直接对试件进行加载破坏试验，测试其剩余抗弯性能。同时，在高温持荷试验全过程（持荷加热阶段和加载破坏阶段）中，采用 DIC 方法对混凝土表面位移场和应变场进行同步测试。混凝土四点弯曲试验和 DIC 的观测和计算区域如图 9.1 所示。

高温持荷抗折强度试验采用自主设计的混凝土高温抗弯性能测试系统，如图 9.2 所示。该系统由高温加热设备和电液伺服万能试验机两部分组成。高温加热设备包括高温箱式炉、高温加热控制柜和冷水机。高温箱式炉炉膛尺寸宽×高×深= 250mm×350mm×700mm。如图 9.2 所示，在高温箱上设置一个 150mm×300mm 观测窗口，使 DIC 设备通过该窗口来测量混凝土表面的位移场和应变场，解决了常规位移和应变测量方法在高温环境下无法使用的问题。高温箱式炉采用硅碳棒进行加热，通过高温加热控制柜调控温度和加热速率，冷水机在高温试验过程中给耐高温合金支座降温。高温加热设备长期工作温度为 100~1100℃，额定功率为 30kW。DIC 方法的基本原理和试验设备详见 8.1.3 节。

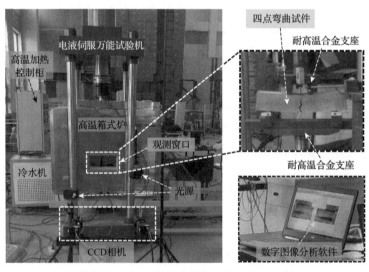

图 9.2　混凝土高温持荷抗折强度试验设备

9.2 高温和持续荷载作用下混凝土弯曲变形特征分析

9.2.1 持荷加热阶段混凝土弯曲变形演化特征

1. 高温下无持续荷载作用的混凝土弯曲变形演化

基于 DIC 方法，图 9.3 给出了加热过程中无持续荷载作用的混凝土弯曲变形演化过程（以 200℃-0%f_b 为例）。由水平位移分布云图（图 9.3(a)）和竖向位移分布云图（图 9.3(b)）可知，混凝土随加热时间的延长沿水平和竖直方向逐渐膨胀。由水平应变分布云图（图 9.3(c)）和竖向应变分布云图（图 9.3(d)）可知，混凝土的热膨胀应变随加热时间的延长逐渐增加。在加热初期，四周的应变略大于中间的应变。随着加热时间的延长，这种趋势趋于不明显。这表明加热过程是由外向内温度逐渐升高的过程。此外，当加热时间一定时，应变分布呈条带状，这是因为混凝土为非均匀材料，各位置处的热变形性能也会出现随机性的差别。由图 9.3(c) 和(d)还可知，水平应变和竖向应变的大小（数量级）基本相等，说明混凝土在各个方向上的热膨胀变形基本相等。

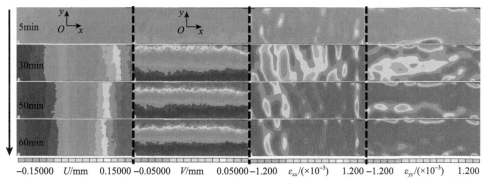

(a) 水平位移分布云图　(b) 竖向位移分布云图　(c) 水平应变分布云图　(d) 竖向应变分布云图

图 9.3　加热过程中无持续荷载作用的混凝土弯曲变形演化（以 200℃-0%f_b 为例）

图 9.4 给出了加热阶段完成时不同温度下混凝土的水平应变分布云图和竖向应变分布云图。由图可知，在加热完成时，无持续荷载作用下的混凝土试件各个位置处的热膨胀变形基本达到均匀。热膨胀应变随温度升高逐渐增大。

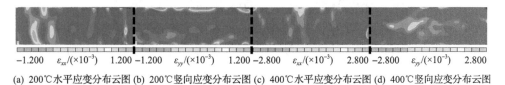

(a) 200℃水平应变分布云图 (b) 200℃竖向应变分布云图 (c) 400℃水平应变分布云图 (d) 400℃竖向应变分布云图

−7.000　$\varepsilon_{xx}/(\times 10^{-3})$　7.000 −7.000　$\varepsilon_{yy}/(\times 10^{-3})$　7.000 −15.000　$\varepsilon_{xx}/(\times 10^{-3})$　15.000 −15.000　$\varepsilon_{yy}/(\times 10^{-3})$　15.000

(e) 600℃水平应变分布云图 (f) 600℃竖向应变分布云图 (g) 800℃水平应变分布云图 (h) 800℃竖向应变分布云图

图 9.4　加热阶段完成时无持续荷载作用的混凝土在不同温度下的应变分布云图

2. 高温和持续荷载共同作用下混凝土的弯曲变形演化

基于 DIC 方法，图 9.5 给出了高温和持续荷载共同作用下混凝土的变形演化过程。由水平位移分布云图（图 9.5(a)）和竖向位移分布云图（图 9.5(b)）可知，随着加热时间的延长，混凝土沿水平方向和竖直方向的热膨胀变形逐渐增加，同时试件底部水平位移略大于顶部水平位移，跨中竖向位移向下，两端竖向位移向上，说明试件的弯曲变形也在逐渐增加。该弯曲变形是高温和持续荷载共同作用引起的蠕变变形。由水平应变分布云图（图 9.5(c)）和竖向应变分布云图（图 9.5(d)）可知，混凝土的热膨胀应变随加热时间的延长由外向内逐渐增加，最后内外趋于一致。需要指出的是，混凝土弯曲变形特征也可由水平应变分布云图较好地体现[3,4]。但是，由于热膨胀应变较大，持续荷载作用下混凝土的弯曲蠕变变形无法从图 9.5(c) 所示的水平应变分布云图中体现出来。因此，将图 9.5(c) 所示的水平应变分布云图统一减去热膨胀变形，得到去除平均热膨胀应变的水平应变分布云图，如图 9.6 所示。

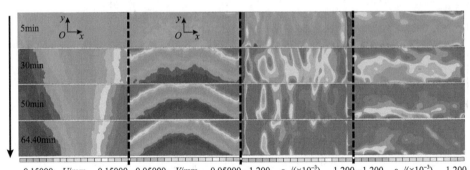

−0.15000　U/mm　0.15000 −0.05000　V/mm　0.05000 −1.200　$\varepsilon_{xx}/(\times 10^{-3})$　1.200 −1.200　$\varepsilon_{yy}/(\times 10^{-3})$　1.200

　(a) 水平位移分布云图　　　(b) 竖向位移分布云图　　　(c) 水平应变分布云图　　　(d) 竖向应变分布云图

图 9.5　加热过程中持续荷载作用下的混凝土变形演化（以 200℃-60%f_b 为例）

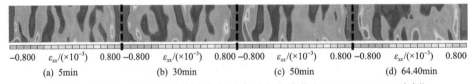

−0.800　$\varepsilon_{xx}/(\times 10^{-3})$　0.800 −0.800　$\varepsilon_{xx}/(\times 10^{-3})$　0.800 −0.800　$\varepsilon_{xx}/(\times 10^{-3})$　0.800 −0.800　$\varepsilon_{xx}/(\times 10^{-3})$　0.800

　　(a) 5min　　　　　　　(b) 30min　　　　　　　(c) 50min　　　　　　　(d) 64.40min

图 9.6　混凝土去除平均热膨胀应变的水平应变演化（以 200℃-60%f_b 为例）

由图 9.6 可知，在恒定的持续荷载作用下，随着加热时间的延长，试件上部受压区和下部受拉区逐渐扩大，试件呈现出上压下拉的变形状态。同时，试件底部逐渐出现多个局部应变集中区，并以其中一个应变集中区为主，逐渐向上发展。这表明试件底部形成了损伤区并逐渐发展为宏观裂缝。

图 9.7 给出了在加热阶段结束时，不同温度和持续荷载下混凝土去除平均热膨胀应变的水平应变分布云图。首先，对于持续荷载为 0%f_b 的试件，由图 9.7(a)、(e)、(i) 和 (m) 可知，其水平应变呈条带状分布，且试件顶部和底部应变无明显差异，说明试件无明显的弯曲变形。对于在持续荷载作用下的试件，当加热温度较低(200℃)时，由图 9.7(a)～(d) 可知，所有试件在加热过程中均未发生弯曲破坏。随着荷载水平的提高，顶部受压和底部受拉的变形状态逐渐明显。当荷载水平为 60%f_b 时，底部出现明显的局部应变集中区，表明混凝土在该区域形成损伤，并将进一步发展成为宏观裂缝并向顶部扩展。当加热温度升高到 400℃时，由图 9.7(e)～(h) 可知，持续荷载为 20%f_b 和 40%f_b 的试件在加热过程未发生破坏，但是试件的弯曲变形特征明显，底部形成明显的局部应变集中区，且应变较 200℃时有所增大。当持续荷载为 60%f_b 时，试件底部具有明显的局部应变集中区，且在加热 20min 后发生弯曲破坏，说明过高的荷载水平会导致试件提前破坏。当温度进一步提高(600℃和 800℃)

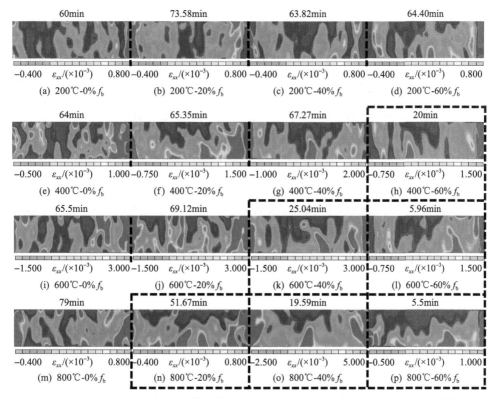

图 9.7　加热阶段完成时不同温度和持续荷载下混凝土去除平均热膨胀应变的水平应变分布云图

时，如图 9.7(j)～(l) 和 (n)～(p) 所示，仅试件 600℃-20%f_b 在加热过程中未发生弯曲破坏，其余试件均提前发生破坏，且试件底部应变集中区进一步向上扩展，如图 9.7(k)、(l) 和 (n)～(p) 所示。对于提前发生破坏的试件，温度越高，荷载水平越高，发生破坏的时间越早；并且随着持续荷载水平的提高，试件加热时间缩短，局部应变集中区中的应变也会有所减小。这是由于在较短加热时间内试件的温度并未完全到达目标温度，高温损伤程度相对较轻，试件的弯曲蠕变变形也就较小。

9.2.2　加载破坏阶段混凝土弯曲变形演化特征

1. 无持续荷载作用时温度对混凝土弯曲变形演化的影响

图 9.8 给出了不同温度下无持续荷载作用时混凝土在加载破坏阶段的水平应变分布云图演化过程。由图 9.8(a) 可知，在常温条件下，试件顶部受压和底部受拉，弯曲变形特征明显。同时，在试件的底部出现多处局部应变集中区，而不是以一处为主向上扩展，并且应变集中区向上扩展的高度较小，即试件底部没有明显的主裂缝，呈多裂缝扩展的状态。这是由于常温下混凝土的强度和刚度均比较高，加载过程并未使试件底部拉应力达到峰值，而是导致底部多处薄弱部位产生塑性变形，形成应变集中区，呈多处应变集中的变形状态。直到弯曲荷载达到最大值 $f_{max-20℃}$ 时，仍然存在两处较为明显的局部应变集中区。当然，多处应变集中区的变形状态不能一直维持。当弯曲荷载达到最大值以后，试件会迅速从靠近跨中位置处的一个应变集中区开裂并不断向上扩展，最终导致试件破坏，而其余应

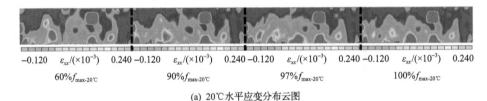

-0.120　$\varepsilon_{xx}/(\times 10^{-3})$　0.240　-0.120　$\varepsilon_{xx}/(\times 10^{-3})$　0.240　-0.120　$\varepsilon_{xx}/(\times 10^{-3})$　0.240　-0.120　$\varepsilon_{xx}/(\times 10^{-3})$　0.240

$60\%f_{max-20℃}$　　　$90\%f_{max-20℃}$　　　$97\%f_{max-20℃}$　　　$100\%f_{max-20℃}$

(a) 20℃水平应变分布云图

-0.400　$\varepsilon_{xx}/(\times 10^{-3})$　0.800　-0.400　$\varepsilon_{xx}/(\times 10^{-3})$　0.800　-0.400　$\varepsilon_{xx}/(\times 10^{-3})$　0.800　-0.400　$\varepsilon_{xx}/(\times 10^{-3})$　0.800

$60\%f_{max-200℃}$　　　$90\%f_{max-200℃}$　　　$97\%f_{max-200℃}$　　　$100\%f_{max-200℃}$

(b) 200℃水平应变分布云图

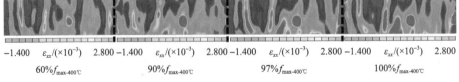

-1.400　$\varepsilon_{xx}/(\times 10^{-3})$　2.800　-1.400　$\varepsilon_{xx}/(\times 10^{-3})$　2.800　-1.400　$\varepsilon_{xx}/(\times 10^{-3})$　2.800　-1.400　$\varepsilon_{xx}/(\times 10^{-3})$　2.800

$60\%f_{max-400℃}$　　　$90\%f_{max-400℃}$　　　$97\%f_{max-400℃}$　　　$100\%f_{max-400℃}$

(c) 400℃水平应变分布云图

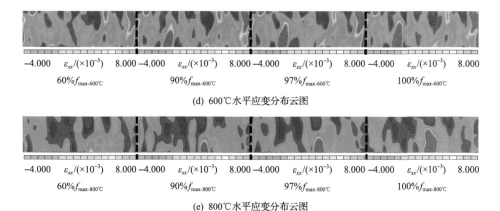

−4.000 $\varepsilon_{xx}/(\times 10^{-3})$ 8.000 −4.000 $\varepsilon_{xx}/(\times 10^{-3})$ 8.000 −4.000 $\varepsilon_{xx}/(\times 10^{-3})$ 8.000 −4.000 $\varepsilon_{xx}/(\times 10^{-3})$ 8.000

$60\%f_{\text{max-600℃}}$ $90\%f_{\text{max-600℃}}$ $97\%f_{\text{max-600℃}}$ $100\%f_{\text{max-600℃}}$

(d) 600℃水平应变分布云图

−4.000 $\varepsilon_{xx}/(\times 10^{-3})$ 8.000 −4.000 $\varepsilon_{xx}/(\times 10^{-3})$ 8.000 −4.000 $\varepsilon_{xx}/(\times 10^{-3})$ 8.000 −4.000 $\varepsilon_{xx}/(\times 10^{-3})$ 8.000

$60\%f_{\text{max-800℃}}$ $90\%f_{\text{max-800℃}}$ $97\%f_{\text{max-800℃}}$ $100\%f_{\text{max-800℃}}$

(e) 800℃水平应变分布云图

图 9.8 不同温度下无持续荷载作用时混凝土在加载破坏阶段的水平应变分布云图演化过程

变集中区会发生卸载。常温下试件刚度较高且脆性很大，经过加载过程积累的弹性势能在破坏时会瞬间释放，因此破坏过程是非常短暂的动态过程，故使用 DIC 方法无法捕捉图像，无法给出应变分布云图。

当温度继续升高到 400℃、600℃和 800℃时，如图 9.8(c)～(e)所示，试件底部仅有一处明显的应变集中区，并不断向上扩展，应变数值进一步增大，表明试件在荷载较小时就完成了从多处应变集中区同时扩展到以一处应变集中区为主进行扩展的变形过程。这是因为当温度较高时，试件强度和刚度显著降低，试件底部拉伸应力会过早地达到峰值应力，使试件提前完成主裂缝选择的过程，选择其中一个较薄弱的应变集中区开裂并不断向上扩展，其余应变集中区由于卸载而闭合。又因为温度较高时，高温损伤使混凝土的延性和耗能能力增大，在底部完全开裂时，试件内部积累的弹性能较小，因此试件并没有破坏，而是在裂缝向上扩展的同时，重新调整拉伸区和压缩区的应力和变形分布，继续承担弯曲荷载。这也是顶部受压区面积减小和压应变数值增大的主要原因。

综上所述，在常温和 200℃时，混凝土弯曲破坏过程呈多裂缝扩展形态，应变集中区高度较小，当达到峰值荷载后迅速选择一条靠近跨中位置的裂缝贯通试件，发生脆性破坏。随着温度升高，达到 400℃、600℃和 800℃时，混凝土弯曲破坏过程呈单裂缝扩展形态，试件会提前完成主裂缝的选择，在底部形成一处明显的应变集中区，且向上扩展高度较长，加载破坏过程呈延性特征。

2. 高温和持续荷载共同作用对混凝土弯曲变形演化的影响

图 9.9 给出了不同温度和持续荷载下混凝土在最大弯曲荷载处的水平应变分布云图。由图可知，当温度较低，为 200℃时，不同持续荷载水平下混凝土底部均出现多处应变集中区，水平应变场分布形态和数值大小相近。当温度为 400℃、600℃和 800℃时，不同持续荷载水平下混凝土均只有一处较大的应变集中区，且

应变随着温度的升高而增大，但随持续荷载水平的变化较小。说明水平应变场的分布形态和数值受持续荷载水平的影响较小，受温度的影响较大。对于在持续荷载阶段提前破坏的试件，如图 9.9 黑色虚线框中的试件所示，其水平应变的特征还与加热时间有关。加热时间越短，水平应变也越小。

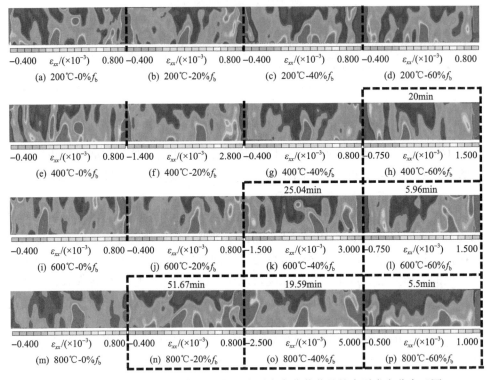

图 9.9　不同温度和持续荷载下混凝土在最大弯曲荷载处的水平应变分布云图

9.3　高温和持续荷载作用下混凝土弯曲变形

9.3.1　不同温度下无持续荷载作用的混凝土荷载-挠度曲线

利用 DIC 设备测得的变形场数据，提取试件的挠度，并结合荷载数据获得荷载-挠度曲线。图 9.10 给出了不同温度下无持续荷载作用的混凝土荷载-挠度曲线。由图可知，随着温度的升高，峰值荷载和曲线上升段斜率逐渐减小，峰值荷载对应的挠度逐渐增加。当温度为 20℃、200℃和 400℃时，试件发生脆性断裂破坏，荷载-挠度曲线下降段呈陡崖式下降，但该过程无法被 DIC 设备测得。当温度为 600℃和 800℃时，由于高温损伤作用，混凝土逐渐疏松劣化，荷载-挠度曲线下降过程逐渐变缓，呈延性特征。

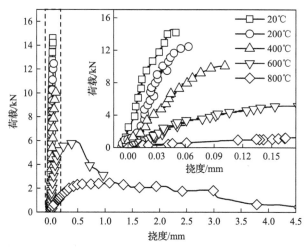

图 9.10　不同温度下无持续荷载作用的混凝土荷载-挠度曲线

从能量角度来讲，混凝土弯曲加载变形过程是一个能量输入的过程。荷载-挠度曲线的面积即为输入的能量。而输入的能量一部分以弹性势能的形式储存在试件内部，另一部分以塑性变形和损伤形式耗散。当温度为 20℃、200℃ 和 400℃ 时，由于高温损伤较小，混凝土具有较高的强度和弹性模量，此时输入能量主要以弹性势能的形式储存在试件内部，能量耗散较少。因此，此时混凝土内部会储存较高的弹性势能，尽管荷载-挠度曲线的面积较小。而当温度为 600℃ 和 800℃ 时，高温损伤混凝土内部疏松劣化严重，因此在加载过程中输入能量仅有小部分以弹性势能的形式存储，大部分能量会以塑性变形和损伤形式耗散。此时，尽管荷载-挠度曲线的面积很大，混凝土内部储存的弹性势能仍然很少。

由混凝土能量驱动破坏机制[4]可知：决定试件破坏的是混凝土存储弹性能的能力，即储能极限 G_c，如图 9.11 所示。对于理想的无损伤加载过程，试件的储能

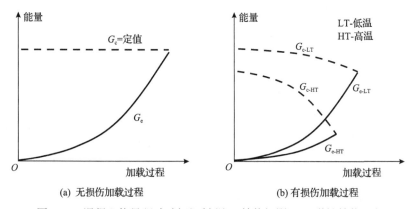

(a) 无损伤加载过程　　　　　　　　　(b) 有损伤加载过程

图 9.11　混凝土能量驱动破坏机制(注：储能极限 G_c，弹性储能 G_e)

极限 G_c 不变，为一个定值。随着弯曲荷载的增大，试件存储的弹性能 G_e 逐渐增加，当达到储能极限 G_c 时试件发生破坏，并释放弹性能，如图 9.11(a)所示。但是在实际过程中，试件的储能极限 G_c 会由于高温损伤和加载损伤而逐渐减小，如图 9.11(b)所示。当温度较低时，高温损伤较小，混凝土强度和弹性模量较高，因此，试件的初始储能极限较高，并且在加载过程中储能极限的降低幅度较小。当试件破坏时的弹性能较高时，弹性能的释放会使混凝土试件瞬间破坏，呈脆性特征。当温度较高时，混凝土的高温损伤严重，因此试件的初始储能极限较低，并且在加载过程中储能极限的下降幅度较大。当试件发生破坏时释放的弹性能较少，破坏过程呈延性特征。

9.3.2 高温和持续荷载作用下混凝土弯曲蠕变挠度-时间和荷载-挠度曲线

在高温和持续荷载共同作用下，混凝土试件发生显著的弯曲蠕变变形。图 9.12 给出了混凝土的蠕变挠度与加热时间的关系曲线。同时，对于经历整个加热过程后未发生弯曲破坏的试件，图 9.12 还给出了这些试件在加载破坏过程中的荷载-挠度曲线。由图 9.12(a)、(c)、(e)和(g)可知，当温度一定时，蠕变挠度随加热

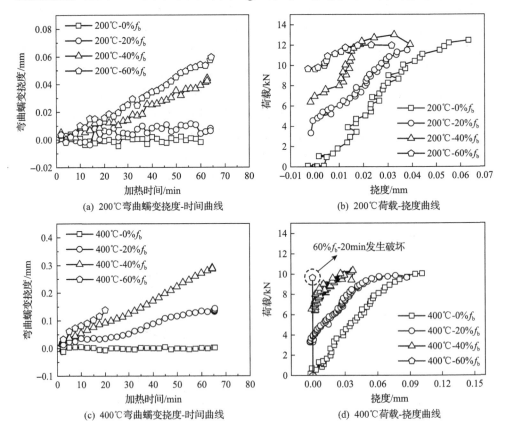

(a) 200℃弯曲蠕变挠度-时间曲线　　　　　(b) 200℃荷载-挠度曲线

(c) 400℃弯曲蠕变挠度-时间曲线　　　　　(d) 400℃荷载-挠度曲线

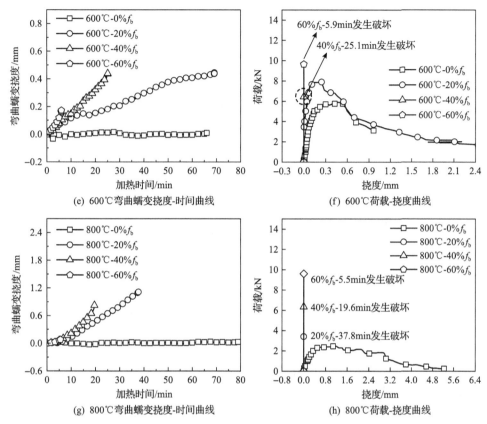

图 9.12　不同温度和持续荷载下混凝土的蠕变挠度-时间曲线和荷载-挠度曲线

时间的延长近似呈线性增长趋势，并且随着持续荷载水平的提高，线性增长趋势的斜率逐渐增大。随着温度的升高，蠕变挠度逐渐增大。当温度为 200℃时，所有试件均未在加热阶段发生破坏。当温度升高到 400℃、600℃和 800℃时，持续荷载水平较高的试件陆续发生破坏。

由图 9.12(b)、(d)、(f) 和 (h) 可知，当温度为 200℃和 400℃时，不同持续荷载水平作用下荷载-挠度曲线的增长速率和峰值荷载相差不大，峰值荷载处的挠度随荷载水平的提高而减小，这主要是因为荷载水平较高的试件在加热过程中已经产生了较大的蠕变挠度。当温度升高到 600℃时，与持续荷载为 0%f_b 时相比，持续荷载为 20%f_b 的荷载-挠度曲线的增长速率和峰值荷载更大，峰值荷载处的挠度更小。这可能是因为在该温度下，混凝土疏松劣化，持续荷载能更有效地约束混凝土的热膨胀变形，同时持续荷载能起到压实基体的作用，从而抑制微裂缝的产生和扩展，降低了混凝土的高温损伤。

9.3.3　高温和持续荷载作用下混凝土剩余抗折强度和峰值荷载处的总挠度

图 9.13 分别给出了不同温度和持续荷载下混凝土的剩余抗折强度和峰值荷载处的总挠度。需要说明的是：这里的挠度是加热时的蠕变挠度和加载破坏时产生的挠度的总和。对于提前破坏的试件，挠度即为加热时的蠕变挠度。

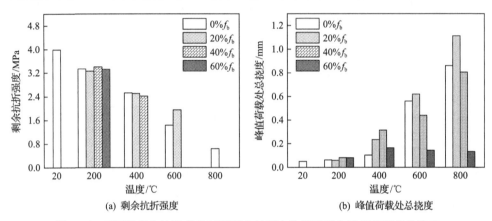

(a) 剩余抗折强度　　　　　　　　　　(b) 峰值荷载处总挠度

图 9.13　不同温度和持续荷载下混凝土的剩余抗折强度和峰值荷载处总挠度

由图 9.13 可知，随着温度升高，剩余抗折强度逐渐降低，而峰值荷载处的总挠度逐渐增加。当温度为 200℃时，不同持续荷载水平下试件的剩余抗折强度和挠度相差不大，即持续荷载对混凝土剩余抗折强度的影响较小。这主要有两方面的原因：一方面，在 200℃下，混凝土高温损伤较小，基体强度相对较高；另一方面，持续荷载对混凝土造成的损伤较小，即使持续整个加热过程。这是因为持续荷载造成损伤的机理不同于冲击荷载和反复疲劳荷载，没有瞬间的冲击能量或反复的疲劳荷载的能量输入，所以混凝土不会由于耗散不稳定的弹性能量而产生材料损伤和劣化。持续荷载可近似为准静态荷载，试件有充足的时间来进行应力重分布和释放多余的弹性能，以减小应力集中造成的损伤，而且这种应力调整是缓慢的，不是突然的或反复多次的。因此，持续荷载对混凝土造成的损伤是有限的。

当温度为 400℃时，剩余抗折强度随持续荷载水平的提高小幅降低，20%f_b 和 40%f_b 与未加载试件剩余抗折强度相比分别下降 0.8% 和 4.3%。此时，持续荷载对剩余抗折强度的影响仍然较小，这仍可以理解为：持续荷载可近似为准静态的，对混凝土造成的损伤和对剩余抗折强度的影响是有限的。但是，此时挠度随持续荷载水平的提高而增加，持续荷载为 20%f_b 和 40%f_b 的挠度与未加载试件相比分别增加 1.3 倍和 2.1 倍。这表明具有准静态特征的持续荷载，其荷载水平的增大首先会增加混凝土弯曲变形程度，而不会立即降低抗折强度。

当温度为 600℃时，持续荷载为 20%f_b 的试件剩余抗折强度与未加载试件的剩余抗折强度相比略有提高，提高约 36%。这可能是因为在该温度下，混凝土疏松劣化，弹性模量降低，发生热膨胀变形所产生的热膨胀应力相对较小，所以持续荷载能更有效地约束混凝土的热膨胀变形，同时持续荷载能起到压实基体的作用，从而抑制微裂缝的产生和扩展，降低混凝土的高温损伤。此时，持续荷载为 20%f_b 的试件挠度相比于未加载的试件也有小幅的上升，这种附加的挠度是持续荷载产生的蠕变变形造成的。

在 600℃下，持续荷载为 40%f_b 和 60%f_b 的试件发生提前破坏，持续荷载时间分别为 25.1min 和 5.9min。当温度为 800℃时，持续荷载为 20%f_b、40%f_b 和 60%f_b 的试件均发生提前破坏，持续荷载时间分别为 37.8min、19.6min 和 5.5min。在 600℃和 800℃下试件的挠度与未加载试件相比呈先增后减的趋势。这是因为当持续荷载为 20%f_b 时试件增加了蠕变挠度，当荷载继续增大时，较大的持续荷载导致试件过早破坏，试件的加热时间缩短，高温损伤相对较小，所有试件的挠度又有所减小。

9.4 高温和持续荷载作用下混凝土试件底部应变集中区张开位移

为了更好地分析高温和持续弯曲荷载共同作用下混凝土的破坏规律，本节基于 DIC 方法测得的变形场数据，对试件底部应变集中区在峰值荷载处的张开位移进行提取。方法如下：首先选择峰值荷载处的水平应变分布云图，如图 9.14(a) 所示，在试件底部沿水平方向提取一条直线，并确保直线穿过最主要的应变集中区。其次，根据直线上各点的水平应变和水平位移数据绘图，如图 9.14(b) 所示。由图可知，应变集中区对应的水平应变呈山峰状，其数值远高于试件底部其他位

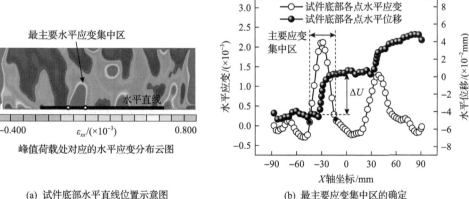

(a) 试件底部水平直线位置示意图　　(b) 最主要应变集中区的确定

图 9.14　最主要应变集中区的确定

置处的应变。同时，应变集中区对应的水平位移呈陡崖式增长，表明应变集中区内有较大的位移发生。以水平应变突然增大的点作为应变集中区的边界，提取变形最大的应变集中区，同时应变集中区的裂缝口张开位移即为两个边界点的位移差，如图9.14(b)所示。

图9.15给出了不同温度和持续荷载下混凝土最主要应变集中区在峰值荷载处的张开位移。由图9.15可知，随着温度升高，最主要应变集中区在峰值荷载处的张开位移逐渐增加。当温度为200℃和400℃时，持续荷载水平对张开位移的影响很小。而试件400℃-60%f_b由于提前发生破坏，受热时间较短，其张开位移明显减小，破坏时脆性较大。当温度为600℃和800℃时，应变集中区的张开位移随持续荷载水平的提高而逐渐减小。这也是因为试件提前破坏，所以受热时间较短，破坏时开裂变形较小。需要指出的是，挠度和张开位移都是反映混凝土在高温和持续荷载作用下变形程度的指标，但二者的物理意义又有所不同。挠度侧重于反映抗弯试件的总体变形程度，而张开位移侧重于反映导致抗弯试件发生破坏的最主要的局部位置的变形程度。由图9.13和图9.15可知，二者随温度和持续荷载水平的变化趋势是有一定差异的。

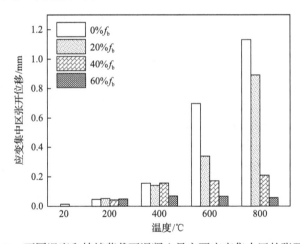

图9.15　不同温度和持续荷载下混凝土最主要应变集中区的张开位移

9.5　高温和持续荷载作用下混凝土弯曲失效准则的建立

由上述分析可知，在本试验条件下，当温度或持续荷载水平较低时，试件在整个加热过程中不会发生弯曲破坏。当温度或持续荷载水平较高时，试件提前发生弯曲破坏，且发生破坏的时间(即加热时间)与温度和持续荷载水平有关，如图9.16(a)所示。

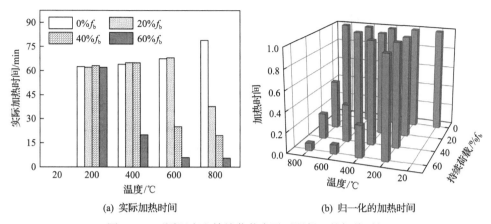

图 9.16 不同温度和持续荷载水平下混凝土的加热时间

为定量描述这种关系，首先将加热时间进行归一化处理，即试件实际加热时间 t 与当前目标温度下完整加热过程(包括升温和恒温)的总时间 t_0 之比，t/t_0 的取值范围是 $0 < t/t_0 \leqslant 1$，如图 9.16(b) 所示。当 $t/t_0 = 1$ 时，表示试件在整个加热过程中不发生破坏。对于常温情况，可按 $t/t_0 = 1$ 不发生破坏处理。然后，将加热时间与温度和持续荷载水平进行非线性曲面函数拟合，表达式如式(9.1)所示。

$$\frac{t}{t_0} = A + \frac{B}{\left[1 + \exp\left(\dfrac{C - T}{D}\right)\right]\left[1 + \exp\left(\dfrac{E - \alpha}{F}\right)\right]} \tag{9.1}$$

式中：T 为目标温度，℃；α 为持续荷载水平，$\alpha = \sigma_s/f_b$，无量纲，其中 σ_s 为持续荷载，MPa，f_b 为常温下混凝土的抗折强度，MPa。

拟合结果如式(9.2)所示，相关系数 R^2 为 0.866，拟合度较高。

$$\frac{t}{t_0} = 1 - \frac{1}{\left[1 + \exp\left(\dfrac{404.30573 - T}{52.97737}\right)\right]\left[1 + \exp\left(\dfrac{0.35372 - \alpha}{0.08239}\right)\right]} \tag{9.2}$$

高温和持续荷载共同作用下试件弯曲失效与目标温度、持续荷载水平以及加热时间均有关系。为建立试件的弯曲失效准则，定义失效指标 Q 为

$$Q = \frac{t}{t_0} - 1 + \frac{1}{\left[1 + \exp\left(\dfrac{404.30573 - T}{52.97737}\right)\right]\left[1 + \exp\left(\dfrac{0.35372 - \alpha}{0.08239}\right)\right]} \tag{9.3}$$

在本试验条件下，当 $Q < 0$ 时，说明在特定目标温度和持续荷载水平下，当实际加热时间为 t 时，试件不会发生破坏；当 $Q = 0$ 时，说明在特定目标温度、持续

荷载水平和实际加热时间下，试件处于破坏的临界状态；当 $Q>0$ 时，说明在特定目标温度和持续荷载水平下，当实际加热时间为 t 时，试件完成了整个加热过程（$t \geqslant 1$ 时）或已经发生破坏（$0<t<1$）。

参 考 文 献

[1] 中华人民共和国住房和城乡建设部, 国家市场监督管理总局. GB/T 50081—2019 混凝土物理力学性能试验方法标准[S]. 北京: 中国建筑工业出版社, 2019.

[2] 中华人民共和国国家质量监督检验检疫总局, 中国国家标准化管理委员会. GB/T 9978.1—2008 建筑构件耐火试验方法 第 1 部分：通用要求[S]. 北京: 中国标准出版社, 2009.

[3] Zhang H, Huang G Y, Song H P, et al. Experimental investigation of deformation and failure mechanisms in rock under indentation by digital image correlation[J]. Engineering Fracture Mechanics, 2012, 96: 667-675.

[4] Zhao Y R, Wang L, Lei Z K, et al. Study on bending damage and failure of basalt fiber reinforced concrete under freeze-thaw cycles[J]. Construction and Building Materials, 2018, 163: 460-470.

第10章 荷载与碳化作用下混凝土高温抗压性能

本章通过持荷碳化试验、持荷高温试验，研究持续荷载与碳化共同作用下混凝土的高温力学性能以及变形性能，分析碳化前后混凝土在持荷高温状态下的热膨胀变形和瞬态蠕变变形以及轴心抗压强度、弹性模量、峰值应变、应力-应变曲线等力学性能的变化规律，并建立损伤本构模型，为混凝土抗火设计提供试验数据及理论依据。

10.1 试验概况

试验原材料和配合比见 2.1.1 节。根据规范《混凝土物理力学性能试验方法标准》(GB/T 50081—2019)[1]的要求，采用尺寸为 100mm×100mm×300mm 的棱柱体轴心抗压试件用于持荷碳化试验和持荷高温试验。首先，对混凝土试件进行持荷碳化试验，当达到碳化龄期后，再对混凝土试件进行持荷高温试验，最后将试件在高温下进行抗压强度试验。

10.1.1 持荷碳化试验

持荷碳化试验中，持续荷载为压缩荷载，持荷水平分别为常温下混凝土轴心抗压强度 f_c 的 40%和 60%。加载设备采用自制加载架，如图 10.1 所示。自制加载架由上下盖板和四根螺栓组成。上下盖板是 20mm 厚的高强度钢板，刚度较大，在施加荷载的过程中不会产生较大的变形。四根螺栓直径为 20mm，螺栓采用的是具有较高抗拉强度的高强度螺栓。由于碳化箱环境比较潮湿，需要对加载架进行防锈处理，即在加载架表面喷涂防锈漆。

持续压缩荷载的加载方法和步骤如下。

(1)首先将混凝土试件放置在加载架中心位置上，安装上盖板。在上下盖板之间，用万向磁力表座固定百分表，用于测量加载过程中上下盖板的间距变化。为了避免偏心，在加载架相对的两侧放置两个百分表。

(2)由于施加的持续压缩荷载较大，采用压力机对混凝土试件施加指定荷载，压到指定荷载并保持 10～15min，记录两侧百分表读数，如果两侧读数之差超过 5%，则卸掉荷载，调整盖板位置，重新加载。加载方法如图 10.2 所示。

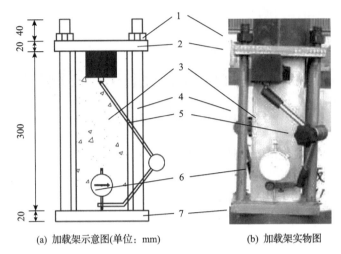

(a) 加载架示意图(单位: mm)　　　　　(b) 加载架实物图

1.紧固螺母；2.上盖板；3.混凝土试件；4.紧固螺栓；5.万向磁力表座；6.百分表；7.下盖板

图 10.1　持续压缩荷载加载架

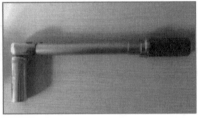

(a) 压力机辅助施加压缩加载　　　　　(b) 扭矩扳手

图 10.2　持续压缩荷载加载方法

(3)维持指定荷载 10～15min 后，将压力机逐级卸掉荷载，每级降 40kN，然后采用扭矩扳手呈对角依次拧紧加载架盖板上的螺母，且每次每个螺母的紧固扭矩相同，以防止发生偏心现象，当百分表读数回到紧固前的值时，再进行下一级卸载，直到压力机完全卸载，荷载全部由加载架承担。

(4)为了避免混凝土试件长期受压后产生应力松弛，需要超加载 3%～5%。

封蜡后的试件进行预加载试验后，连同加载架一同放入碳化箱内，试件之间间距不小于 50mm，对混凝土进行持荷碳化试验。碳化龄期分别为 0 天和 28 天。碳化试验同第 5 章。

10.1.2 持荷高温试验

持荷碳化试验完成后，将达到碳化龄期的试件表面密封的石蜡去除，因为高温试验中温度过高会导致石蜡冒烟，影响试验效果，然后进行混凝土持荷高温试验。持荷水平仍然为常温下混凝土轴心抗压强度 f_c 的 40%和 60%。高温试验设定五种目标温度，分别是 20℃、200℃、400℃、600℃、800℃。预加载和高温试验的升温过程同时开始，持续荷载的加载速率为 0.5MPa/s，升温速率按照 ISO-834标准火灾升温曲线进行，当达到目标温度后，保持温度不变，直至恒温 1h。整个加热阶段结束后，在高温和不卸载持续荷载的状态下，继续加载至混凝土试件压缩破坏。在高温试验全过程中，通过 DIC 方法记录在高温下混凝土轴心压缩过程中全场的位移和应变，建立混凝土高温下的应力-应变曲线，分析其在高温下的损伤特征。高温持荷抗压试验设备和 DIC 设备如图 10.3 所示。

图 10.3 混凝土高温持荷抗压试验设备

10.2 碳化混凝土高温下抗压性能

为研究碳化后混凝土在高温下的强度和变形性能，本节基于 DIC 方法测得的水平应变分布云图，分析碳化混凝土在高温下的受压破坏规律，并研究高温下碳化混凝土试件的自由热膨胀过程和高温应力-应变曲线，探究碳化作用对混凝土自由热膨胀应变以及高温下的抗压强度、弹性模量、峰值应变等高温力学性能的影响规律。

10.2.1 碳化混凝土在高温压缩过程中的水平应变分布云图分析

基于 DIC 方法观测室温下未碳化混凝土在压缩过程中的水平应变分布云图随

荷载的变化情况，如图 10.4 所示。在加载初期，如图 10.4(a) 所示，未碳化混凝土受压水平应变分布云图整体呈蓝绿相间，分布较为均匀，且应变较小，局部区域出现红色。当荷载增加至 6.6MPa，如图 10.4(b) 所示，试件水平应变整体提高，且在试件水平应变分布云图上部与下部出现椭圆状红色区域，此处为应变集中点。荷载达到 27MPa 时，如图 10.4(c) 所示，下部应变集中点扩大且颜色由浅红变为红色，成为主要应变集中点，上部应变集中点颜色由红色转变为绿色。这主要是因为下部应变发展迅速，释放了应变能，减缓了上部应变集中点的应变发展。随着荷载继续增大，如图 10.4(d) 和 (e) 所示，应变集中点逐渐扩大并逐渐交汇，形成细长的应变集中带。当应力达到峰值应力时，两个应变集中点汇集，形成贯通裂缝，试件达到破坏 (图 10.4(f))。由以上分析可知，混凝土受压破坏过程大致可分为应变集中点出现、发展、交汇、贯通四个阶段。

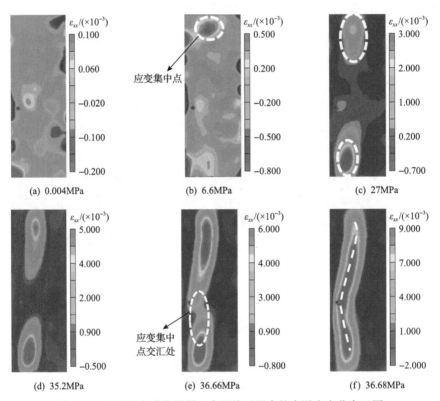

图 10.4　室温下未碳化混凝土在压缩过程中的水平应变分布云图
(本章彩图请扫封底二维码)

图 10.5 为不同温度下未碳化混凝土在压缩峰值应力时的水平应变分布云图，可发现温度不同，混凝土的破坏形式不同，200℃混凝土破坏时出现与室温下一样的贯通裂缝，400℃混凝土破坏时出现斜裂缝，破坏形式为剪切破坏，而且试件破

坏较突然，没有形成完整的应变集中带便破坏。600℃与 800℃时，混凝土水平应变整体增加，承载力严重下降，且加载过程中试件有剥落现象，在加载时水平应变分布云图上部迅速出现应变集中区域。随着荷载增大，应变集中区域不断扩大，形成较大的损伤区域，来不及向下发展试件便破坏，且损伤区域中裂缝呈弥散状。通过不同温度下混凝土最终破坏形式可看出，随着温度的升高，破坏形式逐渐由脆性破坏转变为延性。

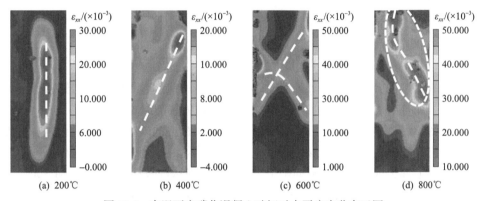

(a) 200℃　　　　(b) 400℃　　　　(c) 600℃　　　　(d) 800℃

图 10.5　高温下未碳化混凝土破坏时水平应变分布云图

图 10.6 为室温下碳化混凝土在压缩破坏过程中的水平应变分布云图。由图 10.6(a)可知，在加载初期，碳化作用下混凝土水平应变分布云图与普通混凝土相似，应变分布较均匀且应变较小。由图 10.6(b)可知，当应力为 0.02MPa 时，碳化混凝土在试件中部出现应变集中点。由图 10.6(c)可知，当应力达到 10.6MPa 时，试件中部出现两个应变集中点。由图 10.6(d)可知，随着应力发展，应变集中点汇聚成较大的应变集中区域。由图 10.6(e)可知，当应力接近峰值应力时，以应变集中点为基点向斜上方发展，形成绿色的应变集中带。应变达到峰值应变点时，如图 10.6(f)所示，应变集中带变粗，形成裂缝，试件破坏。与未碳化混凝土相比，

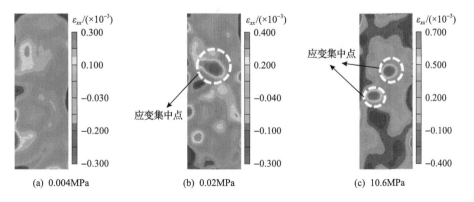

(a) 0.004MPa　　　　　(b) 0.02MPa　　　　　(c) 10.6MPa

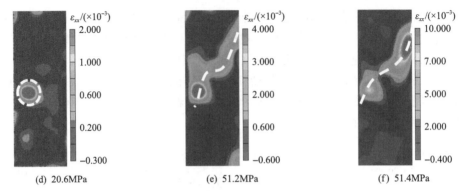

(d)　20.6MPa　　　　　　(e)　51.2MPa　　　　　　(f)　51.4MPa

图 10.6　室温下碳化混凝土在压缩破坏过程中的水平应变分布云图

较小荷载作用下碳化混凝土水平应变分布云图便出现应变集中点，最终试件破坏较突然，而且形成的裂缝是以应变集中点为基点的斜裂缝。

由图 10.7 可知，随着温度升高，碳化混凝土最终的破坏形式有所差别。首先可以看出，200℃、400℃碳化混凝土与室温下碳化混凝土的破坏形式相似，都是在试件中上部出现裂缝，逐渐向斜上方发展，最终试件破坏。而 600℃与 800℃的破坏形式主要是试件边缘出现裂缝，随后试件中部出现大量裂缝，试件发生破坏。碳化混凝土出现这种破坏形式的原因主要是碳化面形成了硬质的表层，且碳化干缩使混凝土表面出现微裂缝，微裂缝在高温的作用下逐渐扩展，混凝土沿着裂缝逐渐破坏。600℃与 800℃边缘先破坏是因为未碳化面混凝土氢氧化钙等物质受热分解，而碳化面形成碳酸钙表层延缓了高温损伤，所以未碳化面与碳化面交界处先破坏。

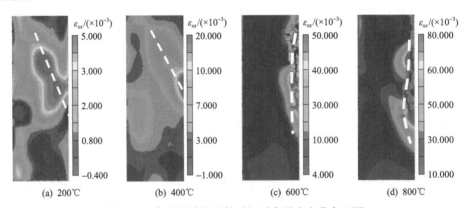

(a)　200℃　　　　　(b)　400℃　　　　　(c)　600℃　　　　　(d)　800℃

图 10.7　高温下碳化试件破坏时水平应变分布云图

10.2.2　碳化混凝土自由热膨胀

混凝土在高温环境下会产生热膨胀，这是混凝土高温损伤的重要原因之一。

首先，由于混凝土是一种热惰性材料，在环境温度变化或发生火灾时，混凝土表面和内部会形成较大的温度差(即热梯度)，热梯度会使混凝土产生较高的热应变和热应力。同时，混凝土是一种非均质的三相复合材料，水泥浆体和骨料的热膨胀系数不同，因此在升温过程中也会产生不同程度的热应变，从而使混凝土内部产生更大的热应力，导致水泥浆体与骨料界面产生微裂缝。

基于 DIC 方法测得的位移场数据提取混凝土的应变场。在棱柱体试件中轴线 100mm 的高度范围内沿竖直方向提取应变数据，作为混凝土的自由热膨胀应变，如图 10.8 所示。

图 10.9 给出了未碳化混凝土在不同温度下自由热膨胀应变随加热时间的变化曲线。由图可知，混凝土自由热膨胀应变随加热时间延长而增加，但应变的增大速率在加热初期较大，在加热的中后期逐渐减小，对于温度较高的 800℃，加热后期自由热膨胀曲线甚至出现平台期。初期应变增大速率较大，后期逐渐变小，是因为加热初期混凝土内外温差较大，形成了较高温度梯度，导致初期应变增大速率快速提高。随着温度持续作用，混凝土内外温度逐渐一致，自由热膨胀应变增大速率也

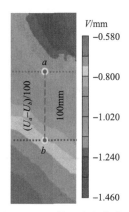

图 10.8　混凝土自由热膨胀
应变的 DIC 提取方法

会降低。高温持续作用下混凝土局部出现开裂，高温能够通过微裂缝快速作用到内部，促使混凝土内外温度逐渐一致，混凝土自由热膨胀趋于稳定，因此在 800℃后期自由热膨胀应变曲线出现平台期。

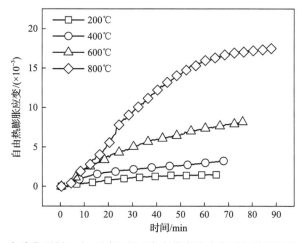

图 10.9　未碳化混凝土在不同温度下自由热膨胀应变随加热时间的变化曲线

表 10.1 和图 10.10 给出了碳化前后混凝土自由热膨胀应变最大值随温度的变

化规律。由图 10.10 可知，混凝土自由热膨胀应变的最大值随温度的升高而增大。200℃和400℃混凝土自由热膨胀应变相对较小，此时混凝土自由热膨胀主要是由骨料与水泥基体等各个组分的受热膨胀，以及自由水、吸附水、C-S-H 凝胶层间水蒸发产生的蒸气压引起的，但水分的蒸发与迁移也会导致混凝土出现干缩现象，使得混凝土膨胀变形与收缩变形相互抵消，这些因素导致在 200℃和400℃受热环境下混凝土自由热膨胀应变的最大值相对较小。当温度达到 600℃与 800℃时，混凝土自由热膨胀应变的最大值较 200℃和400℃有显著增大。因为随着温度提高，较高的蒸气压与热应力使内部粗骨料的孔隙变大，且混凝土中的石英由 α 型转换成 β 型的过程中也伴随着体积的膨胀[2]。当温度达到 800℃时，混凝土碳酸钙与氢氧化钙脱水分解，混凝土内部结构由致密转为疏松，导致混凝土自由热膨胀应变增大[3]。

表 10.1　碳化前后混凝土自由热膨胀应变最大值

碳化龄期 /天	不同温度下混凝土自由热膨胀应变最大值			
	200℃	400℃	600℃	800℃
0	0.001532	0.003215	0.008068	0.017484
28	0.001082	0.002748	0.007054	0.014966

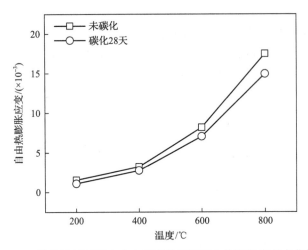

图 10.10　碳化前后混凝土自由热膨胀应变最大值随温度的变化规律

由表 10.1 和图 10.10 还可知，经历 28 天碳化的混凝土自由热膨胀应变均小于未碳化混凝土，说明混凝土碳化作用对混凝土自由热膨胀起到抑制作用，这是因为混凝土在碳化过程中处于二氧化碳浓度为(20±3)%、相对湿度为(70±5)%、温度为(20±2)℃的环境中，经过 28 天碳化，混凝土吸收大量的自由水，混凝土得到更充分的水化，水化产物填充了混凝土内部孔隙，使得基体更加密实，提高了抵抗热应力与蒸气压的能力。其次，碳化使得混凝土表面形成了一层致密的碳酸钙，碳酸钙的分解温度较高，延缓了混凝土膨胀。另外，碳化后的混凝土受热干缩与碳化干缩抵消了一部分热膨胀变形，但是，碳化对混凝土抗热膨胀能力提升是有限的，提升幅度较小。

10.2.3　碳化混凝土高温下压缩应力-应变曲线

高温下混凝土轴心压缩应力-应变曲线是评价混凝土在火灾中力学性能与变形性能的重要基础，利用 DIC 方法采集高温下混凝土试件轴心压缩过程中的应变数据，结合应力数据绘制成应力-应变曲线。首先以未碳化混凝土为例，给出不同温度下未碳化混凝土的压缩应力-应变曲线，如图 10.11 所示。需要指出是，在 20～400℃时应力-应变曲线只有上升段。这是由于当荷载达到峰值荷载时，混凝土试件表面会出现裂缝与脱落，导致散斑大面积遭到破坏，从而使 DIC 设备无法采集峰值荷载后混凝土的应变数据。而当温度为 600～800℃时，应力-应变曲线的部分下降段可以被采集，这是因为高温损伤混凝土试件本身结构变得松散，脆性变低，不会发生突然的脆性破坏，且轴心压缩过程中松散的内部结构随着荷载的增大变得密实，因此峰值荷载后混凝土散斑破坏面积较小，DIC 设备可以采集更多峰值荷载后的变形数据。

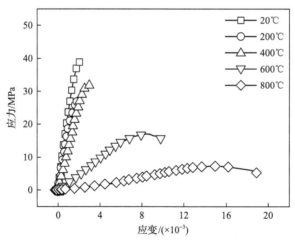

图 10.11　不同温度下未碳化混凝土的压缩应力-应变曲线

由图 10.11 可知，不同温度对未碳化混凝土高温下压缩应力-应变曲线的影响是不同的。除 400℃外，未碳化混凝土应力-应变曲线峰值高度随温度的升高逐渐降低，这说明温度越高混凝土强度损失越大，仅 400℃时曲线顶点高度有小幅提升。应力-应变曲线顶点随温度升高逐渐右移，说明混凝土峰值应变随温度的升高逐渐增加。由图 10.11 还可知，应力-应变曲线的斜率随温度的升高逐渐降低，曲线逐渐变得平缓，说明混凝土弹性模量随温度升高而降低，且混凝土的破坏形式由脆性破坏逐渐转为延性破坏。200~400℃时应力-应变曲线斜率变化不大，说明混凝土在 200~400℃温度区间内弹性模量变化不大，即高温损伤变化不大，而600℃和800℃混凝土应力-应变曲线逐渐平缓，斜率变化较大，说明 600℃与 800℃混凝土弹性模量降低幅度较大，混凝土内部随着温度的升高由致密转为疏松状态。

图 10.12 给出了碳化前后混凝土高温下压缩应力-应变曲线的对比图。由图可

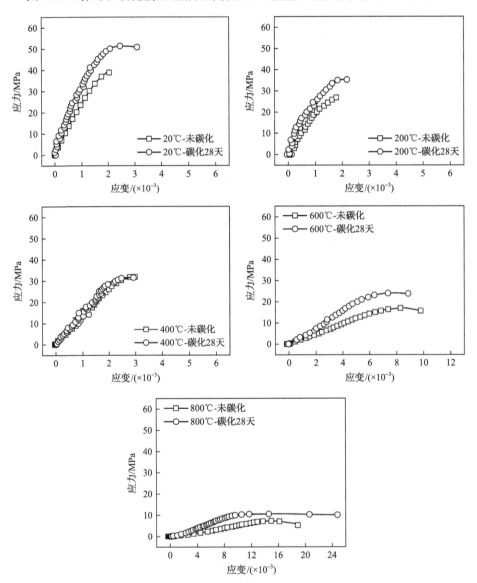

图 10.12　碳化前后混凝土高温下压缩应力-应变曲线

知，20℃时，碳化混凝土应力-应变曲线上升段接近线性上升，曲线顶点高度远高于其他温度下的曲线顶点。200～400℃碳化后混凝土曲线斜率与顶点高度相差不大，说明在 200～400℃碳化混凝土弹性模量与强度下降幅度基本一致。600～800℃应力-应变曲线顶点下降幅度及顶点右移较大，说明 600～800℃强度与弹性模量下降幅度较大，峰值应变增加幅度较大。与未碳化混凝土相比，应力-应变曲线整体趋势大致相同，应力-应变曲线顶点均随温度的升高下降并右移，曲线斜率逐渐平缓。

10.2.4　碳化混凝土高温下轴心抗压强度、峰值应变和弹性模量

1. 轴心抗压强度

图 10.13 给出了碳化前后混凝土高温下轴心抗压强度随温度的变化规律。由图可知，未碳化混凝土在高温下的轴心抗压强度随温度的升高呈降低后升高再降低的趋势。200℃时混凝土中的水分快速蒸发、迁移，导致混凝土微裂缝出现、扩展；另外，这个阶段混凝土干缩只能抵消一部分混凝土热膨胀变形，混凝土整体仍处于膨胀状态，膨胀使混凝土中孔隙破坏并产生微裂缝，导致混凝土出现强度下降的现象。400℃时混凝土强度出现小幅上升，混凝土干缩变形抑制混凝土膨胀变形，减小混凝土由膨胀变形导致的高温损伤，同时高温作用加快了混凝土水化反应，混凝土内部残留的未水化的物质进一步水化使混凝土强度有小幅提升。600～800℃混凝土强度显著下降，混凝土升温过程中所产生的热应力随温度的升高而增大，温度达到 600～800℃时混凝土内部的热应力破坏了混凝土内部结构，同时由于碳酸盐脱碳分解以及粗骨料的膨胀并在内部出现裂缝，混凝土由密实转变为松散，导致混凝土强度下降更为显著。由图 10.13 还可知，碳化后混凝土在常温（20℃）、200℃、600℃、800℃时的轴心抗压强度要高于未碳化混凝土，仅在

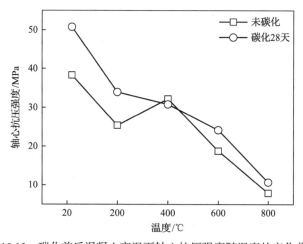

图 10.13　碳化前后混凝土高温下轴心抗压强度随温度的变化曲线

400℃时略低于未碳化混凝土。

2. 峰值应变

图10.14为碳化前后混凝土抗压峰值应变随温度的变化曲线。由图可知，混凝土峰值应变随温度的上升而增大，200℃时峰值应变与常温时基本保持一致，较常温有微小的上升，这说明在20～200℃温度区间内高温对混凝土的变形损伤很小，温度的作用促进了混凝土的二次水化，水化产物填充了孔隙，使结构变得更加密实，混凝土的高温损伤变形不大。400℃混凝土的峰值应变有小幅上升，600～800℃混凝土的峰值应变迅速增加。温度达到600～800℃时，温度所引起的损伤变大，混凝土水泥砂浆与粗骨料的热不相容性，导致界面过渡区出现裂缝，同时混凝土内部自由水与结合水迅速转化成水蒸气，水蒸气的逸出与挤胀作用扩张裂缝和孔隙，破坏混凝土内部结构。高温使混凝土水化产物出现分解，使混凝土内部由密实变得疏松。800℃时混凝土中碳酸钙结构变得松散，C-S-H凝胶基本完全分解，粗骨料基本脱离水泥砂浆的包裹，导致混凝土高温损伤变形迅速增加。由图10.14还可知，碳化28天后混凝土的峰值应变在常温与200℃下略高于未碳化混凝土，超过400℃时碳化后混凝土试件的峰值应变普遍低于未碳化混凝土试件，说明碳化作用降低峰值应变在20～200℃不是很明显，当温度达到400℃峰值时应变开始显著减小。

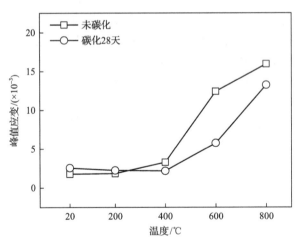

图 10.14　碳化前后混凝土抗压峰值应变随温度的变化曲线

3. 弹性模量

弹性模量是混凝土一项重要的力学指标，取混凝土高温应力-应变曲线上升段应力值 σ =40%f_c时曲线的切线模量作为混凝土的近似弹性模量，其结果如图10.15

所示。由图可知，混凝土弹性模量随温度的升高逐渐降低，200～600℃混凝土弹性模量近似呈线性衰减，曲线较陡，说明混凝土弹性模量衰减速度变快，混凝土的刚度也随之变小，更容易产生变形。800℃时混凝土弹性模量与600℃时相差不大，残余弹性模量仅为2.5%，此时已基本丧失承载能力。由图10.15还可知，碳化后混凝土的弹性模量在各个温度下均大于未碳化混凝土。

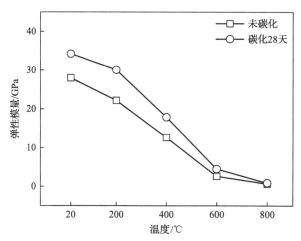

图 10.15　碳化前后混凝土弹性模量随温度的变化曲线

碳化作用提高混凝土的高温轴心抗压强度和弹性模量，降低了混凝土的高温峰值应变。其原因主要为养护28天的混凝土试件内还残留未水化的物质，碳化箱的环境基本符合混凝土的养护条件，仅湿度略小，混凝土在这种环境下进一步水化，水化产物填充了孔隙，混凝土的基体密实度与刚度有所提高。同时，碳化过程中，混凝土表面及一定深度内的氢氧化钙与二氧化碳反应形成致密的碳酸钙，产生的碳酸钙晶体也会填充混凝土的孔隙；另外，碳酸钙的强度要高于氢氧化钙，且在200～400℃碳酸钙不会产生热分解。碳化收缩使钙矾石、C-S-H凝胶收缩，导致混凝土收缩，从而使混凝土本身密实度增加，混凝土的强度小幅提高，高温损伤变形减小。

10.3　荷载和碳化共同作用下混凝土高温抗压性能

混凝土在服役期间一直处于持续荷载状态，荷载作用加剧高温下混凝土的蠕变变形，这种变形远远大于常温蠕变，对结构的受力状态产生重要影响。其次，混凝土长期受碳化作用影响，荷载作用还会对混凝土的碳化产生影响，从而进一步影响混凝土的高温力学性能。本节将对荷载和碳化共同作用下混凝土的高温抗压性能进行研究，探究瞬态蠕变应变、轴心抗压强度、峰值应变与应力-应变曲线等指标在荷载、碳化和高温作用下的变化规律。

10.3.1　混凝土在高温持荷阶段的瞬态蠕变应变

1. 混凝土在高温持荷阶段的受压总应变

在高温持荷阶段，持续压缩荷载作用下混凝土的总应变主要由四部分组成，即荷载施加过程产生的应变、热膨胀应变、瞬态热应变和高温蠕变应变，如式(10.1)所示。

$$\varepsilon_{\text{tot}} = \varepsilon_{\text{m}} + \varepsilon_{\text{th}} + \varepsilon_{\text{tr}} + \varepsilon_{\text{cr}} \tag{10.1}$$

式中：ε_{tot} 为混凝土的总应变；ε_{m} 为荷载施加过程产生的压缩应变；ε_{th} 为热膨胀应变；ε_{tr} 为混凝土高温持荷瞬态应变；ε_{cr} 为混凝土高温持荷蠕变应变。

在高温持荷阶段，持荷碳化后混凝土的总应变随时间的变化规律如图 10.16 所示。由图可见，$40\%f_{\text{c}}$ 持续荷载下，$200\sim800℃$温度区间混凝土总应变-时间曲线大致呈先下降后上升的趋势。混凝土总应变在前期减小的原因为，随着时间延长，炉内温度达到目标温度，试件表面温度与内部温度逐渐上升，混凝土试件热膨胀应变快速增加，从而抵消部分压缩荷载产生的变形，导致曲线出现先下降的现象。随着时间进一步延长，总应变在后期又开始增加。这是因为高温蠕变随着温度升高与持荷时间延长而增加，而热膨胀应变逐渐趋于稳定；同时，混凝土受温度影响内部出现损伤，导致高温蠕变进一步增加，后期高温蠕变超越膨胀应变成为主导应变，以至于高温持荷阶段后期总应变-时间曲线有所上升。需要指出的是，在$800℃$时，总应变-时间曲线上升尤为明显，也说明在该温度下，混凝土损伤非常迅速且严重。$60\%f_{\text{c}}$ 持续荷载下，混凝土总应变-时间曲线呈上升趋势，不存在前期的下降趋势，原因主要有两方面：一方面，较高的荷载水平限制了混凝土高温

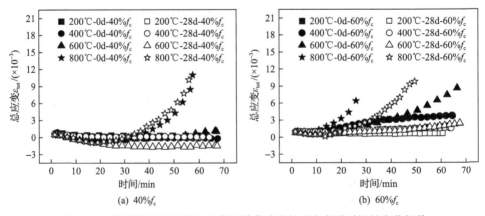

图 10.16　持荷碳化后混凝土在高温持荷阶段的总应变随时间的变化规律

膨胀；另一方面，较高荷载水平加剧了高温蠕变的发展。需要指出的是，800℃混凝土试件在 60%f_c 作用下高温瞬态蠕变迅速增加，导致其 23min 左右发生破坏。

由图 10.16 还可知，40%f_c 作用下，200～400℃时碳化后混凝土总应变与未碳化时相差不大，600℃碳化后混凝土的总应变明显下降，800℃前期碳化后总应变比未碳化时高，随着时间的延长两者之间差距逐渐减小。60%f_c 作用下 200～800℃温度区间内碳化混凝土总应变明显小于未碳化混凝土，且在 200～600℃碳化混凝土的总应变较小且相差不大，800℃碳化混凝土总应变迅速增加。由上述可知，碳化作用减小了混凝土总应变，增强了混凝土抗高温变形的能力，且在 60%f_c 作用下增强作用更加明显。这主要是因为，荷载作用下混凝土的碳化深度随持续荷载水平的提高而增加，随着碳化深度增加，混凝土硬质表层变厚，其延缓了混凝土高温损伤，减小了混凝土高温变形。另外，碳化过程中形成的碳酸钙填充了混凝土内部孔隙，增加了混凝土基体密实度与强度，使混凝土的刚度有所提升，增加了抵抗高温变形的能力，导致碳化混凝土的总应变有所降低，且随持续荷载水平的提高降低效果更明显。

2. 混凝土在高温持荷阶段的受压瞬态蠕变应变

在高温持荷阶段，由于分离瞬态应变和蠕变应变较困难，通常将瞬态应变和蠕变应变统一称为瞬态蠕变应变，它的数值等于高温持荷过程中混凝土产生的总应变减去热膨胀应变和加载过程产生的应变，如式(10.2)所示。

$$\varepsilon_{trc} = \varepsilon_{tr} + \varepsilon_{cr} = \varepsilon_{tot} - \varepsilon_{th} - \varepsilon_m \tag{10.2}$$

根据持荷碳化混凝土在高温持荷阶段的压缩瞬态蠕变应变行为，绘制与时间相关的曲线，如图 10.17 所示。由图可知，混凝土瞬态蠕变应变随加热时间的延长逐渐增加，且近似呈直线增长。同时，随着加热温度的升高，瞬态蠕变应变-时间曲线的增长速率逐渐提高，在 200～400℃时，瞬态蠕变应变增大幅度相对较小，这是因为此时高温损伤较小，混凝土仍具有较高强度与弹性模量。当温度为 600～800℃时，瞬态蠕变应变显著增大，此时混凝土高温损伤增加，内部热变形导致的微裂缝增加、水泥基体受热分解等，都使得混凝土结构由致密变为松散，增加混凝土整体蠕变。当加热温度为 800℃时，混凝土瞬态蠕变应变-时间曲线的持续时间相对较短，这是因为在持荷过程中试件提前发生破坏。对比两种持续荷载(40%f_c 和 60%f_c)下的瞬态蠕变应变-时间曲线，不同加热温度下，60%f_c 持续荷载下的瞬态蠕变应变-时间曲线的增长速率均高于 40%f_c 持续荷载下的曲线，说明混凝土的高温瞬态蠕变变形随荷载水平的提高而增加。

由图 10.17 可知，与未碳化混凝土类似，碳化后混凝土的高温瞬态蠕变应变随时间延长呈增长趋势，且随荷载水平提高和温度升高增长速率逐渐增加。相同

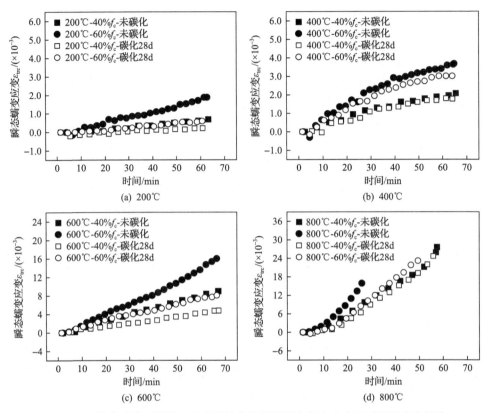

图 10.17 持荷碳化后混凝土在高温持荷阶段的瞬态蠕变应变随时间的变化规律

温度下，持续荷载为 60%f_c 时的瞬态蠕变应变要高于 40%f_c 时的瞬态蠕变应变，且随着温度的升高，两种荷载水平之间的差异会逐渐增大。由图 10.17 还可知，经过 28 天碳化后混凝土高温瞬态蠕变应变几乎均低于未碳化混凝土的瞬态蠕变应变。这说明碳化作用抑制高温瞬态蠕变应变的发展。首先，碳化作用下混凝土表层生成致密的碳酸钙，减小了高温对混凝土的损伤；另外，混凝土在碳化过程中水化反应更充分，强度有所提高，提高了混凝土抵抗高温变形的能力。其次，碳化混凝土在碳化与高温过程中会分别产生碳化干缩与干燥干缩，混凝土自由热膨胀与碳化干缩和干燥干缩相互抵消，减少混凝土试件的高温瞬态蠕变。800℃下混凝土高温瞬态蠕变应变先缓慢增加后近似呈线性增加，碳化混凝土高温持荷阶段的持续时间较未碳化混凝土会有所延长，这也进一步说明碳化后混凝土抑制高温变形的能力更强。

3. 混凝土在加载破坏阶段的应力-应变曲线

持荷碳化混凝土在高温持荷阶段完成后，直接在高温环境中将其压缩破坏，测得的应力-应变曲线如图 10.18 所示。需要指出，在 800℃时混凝土试件在高温持荷段便提前破坏，所以不存在加载破坏段的应力-应变曲线。由图 10.18 可知，不同温度、荷载水平下曲线初始值不同是由高温热膨胀应变、瞬态蠕变应变与荷载压缩应变相互叠加引起的。另外，相同荷载水平与不同温度下加载破坏段混凝土应力-应变曲线之间近似平行，说明荷载抑制了混凝土由膨胀造成的高温损伤，导致相同应力不同温度作用下试件曲线斜率变化不大。由图 10.18 还可知，相同温度下，碳化混凝土加载破坏段初始应变较未碳化混凝土低，在相同荷载水平作用下，各温度下混凝土加载破坏段应力-应变曲线斜率近乎相等，说明荷载与碳化共同作用抑制混凝土高温损伤，对混凝土的弹性模量造成的损伤较小。另外，相同温度和荷载水平下，碳化混凝土应力-应变曲线峰值点较未碳化混凝土高，说明碳化能够提高高温下混凝土的抗压强度。

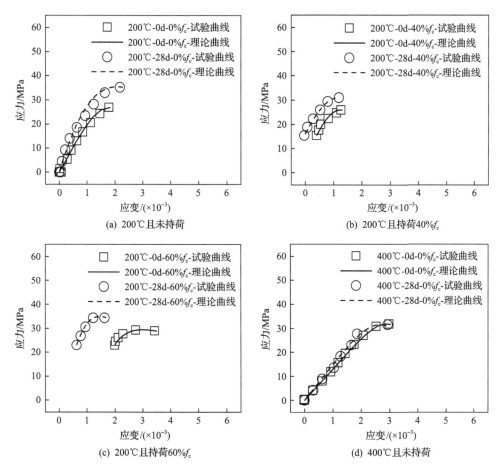

(a) 200℃且未持荷　　　　　　　　　　　(b) 200℃且持荷40%f_c

(c) 200℃且持荷60%f_c　　　　　　　　　(d) 400℃且未持荷

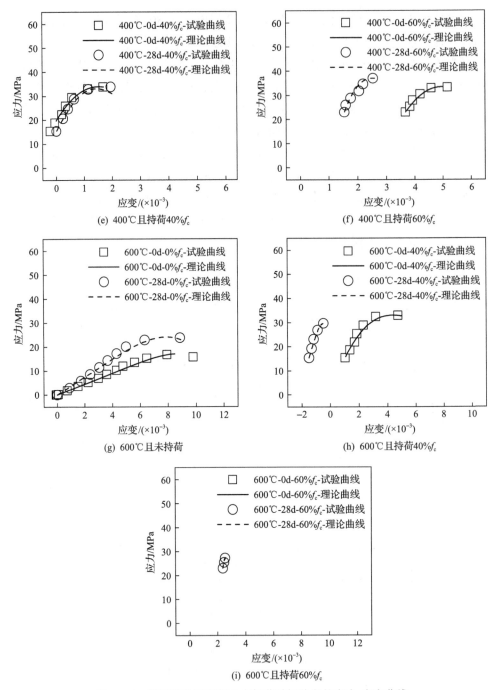

图 10.18 持荷碳化后混凝土在加载破坏阶段的应力-应变曲线

10.3.2　荷载和碳化共同作用下混凝土高温轴心抗压强度和峰值应变

1. 轴心抗压强度

持荷碳化混凝土在高温加载破坏阶段的混凝土轴心抗压强度如图 10.19 所示。其中，800℃时在高温持荷作用下提前出现破坏，没有完成 1h 恒温过程，因此没有相应的抗压强度。由图 10.19 可知，不同持续荷载水平下，混凝土轴心抗压强度均随温度升高呈先上升后下降的趋势。当温度相同时，持续荷载为 $40\%f_c$ 和 $60\%f_c$ 的混凝土轴心抗压强度均高于无荷载作用下的混凝土强度，说明持续压缩荷载的施加对高温下混凝土的强度起到一定的积极作用，这是因为压缩荷载抑制混凝土的热膨胀变形，且在荷载作用下混凝土产生塑性变形，出现的微裂缝释放了一部分蒸气压，减少了高温对混凝土的损伤。在未碳化的情况下，当温度为 200℃时，$60\%f_c$ 作用下混凝土的轴心抗压强度要高于 $40\%f_c$ 作用下混凝土；当温度升高到 400℃时，两种持续荷载水平下混凝土的轴心抗压强度几乎相等；当温度继续升高到 600℃时，$60\%f_c$ 作用下混凝土的轴心抗压强度又小于 $40\%f_c$ 作用下混凝土。这是因为温度为 200℃、400℃时，混凝土仅是自由水、吸附水、C-S-H 凝胶层间水蒸发，高温损伤较小，持续的荷载作用压实混凝土，对混凝土高温热膨胀起到抑制作用，减小了膨胀变形对混凝土的损伤，且抑制作用随荷载水平提高而增加。温度升到 600℃时，混凝土内部氢氧化钙等物质受热分解且产生裂缝，且持续荷载的作用导致平行于荷载方向的裂缝扩展，荷载水平的提高使裂缝扩展的程度增大，同时混凝土的整体蠕变也随之增加，加剧了混凝土的损伤，导致较大持续荷载作用下混凝土轴心抗压强度低于较小持续荷载作用下的轴心抗压强度。总之，持续荷载对混凝土高温轴心抗压强度的提升效果与温度相关，200～400℃区间高温轴心抗压强度随持续荷载水平提高而增大，温度达

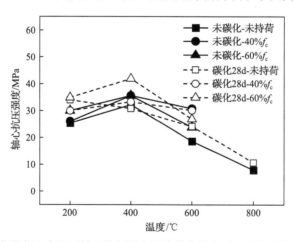

图 10.19　持荷碳化混凝土高温下轴心抗压强度随持续荷载水平、碳化龄期和温度的变化规律

到 600℃时 60%f_c 作用对混凝土高温轴心抗压强度提升作用减弱。

由图 10.19 还可知,碳化、持续荷载、温度三种因素作用下混凝土的轴心抗压强度随温度呈先增大后减小的趋势。与持荷未碳化混凝土具有相同的规律:200~400℃温度区间,较高持续荷载水平对混凝土轴心抗压强度的提升幅度较大;600℃时较低荷载水平对混凝土轴心抗压强度的提升幅度较大。说明碳化作用没有改变其规律,碳化作用对混凝土高温轴心抗压强度提升能力有限,仅对混凝土高温轴心抗压强度有小幅提高。800℃时,碳化混凝土在 40%f_c 与 60%f_c 作用下无法完成整个升温与恒温过程,试验过程中混凝土试件突然破坏,较未碳化混凝土持续时间有所延长,进一步说明碳化对混凝土高温轴心抗压强度有提升作用。

与普通混凝土进行对比,持荷与碳化或者两者共同作用混凝土的高温轴心抗压强度都有所提高,说明持续荷载水平与碳化都对混凝土轴心抗压强度起到积极作用,在混凝土抗火安全设计中应该考虑其积极影响。

2. 峰值应变

图 10.20 描述在 0%f_c、40%f_c、60%f_c 三种持续荷载作用下混凝土峰值应变随温度变化的情况。由图可以看出,40%f_c 作用下,峰值应变呈先减小后增大的趋势,而 0%f_c、60%f_c 作用下峰值应变随温度的升高而增大。200~400℃温度区间内,40%f_c 作用下混凝土峰值应变小于未持荷混凝土峰值应变,而 60%f_c 作用下混凝土峰值应变要高于未持荷混凝土峰值应变。原因为在 200~400℃温度区间,混凝土热膨胀应变没有被 40%f_c 压缩荷载作用完全抑制,且高温瞬态蠕变应变在 40%f_c 作用下较小,导致混凝土试件仍处于膨胀状态。而 60%f_c 作用下热膨胀抑制效果更佳且高温瞬态蠕变应变显著增加,导致峰值应变增大。600℃下未持荷混凝土峰值应变高于 40%f_c 和 60%f_c 作用下混凝土的峰值应变,原因为热膨胀变形导致混

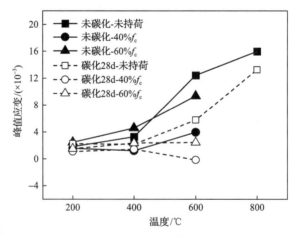

图 10.20　持荷碳化混凝土高温下峰值应变随持续荷载水平、碳化龄期和温度的变化规律

凝土内部结构由致密转为松散，但持续荷载作用会抑制混凝土热膨胀变形，从而减小高温损伤，因此未持荷混凝土的峰值应变要大于持续荷载作用下混凝土。

由图 10.20 还可知，持续荷载作用下碳化混凝土的高温峰值应变低于未持荷作用下混凝土的高温峰值应变，且混凝土在 $60\%f_c$ 作用下的高温峰值应变高于 $40\%f_c$ 作用下的高温峰值应变；另外，在 600℃时，$40\%f_c$ 作用下碳化混凝土的高温峰值应变出现负值。未碳化的混凝土试件在 $60\%f_c$ 作用下的高温峰值应变高于碳化后的混凝土，$40\%f_c$ 作用下未碳化混凝土的高温峰值应变与 $40\%f_c$、$60\%f_c$ 作用下碳化混凝土相差不大，但在 600℃时高温峰值应变要高于后两者。说明碳化作用可减小混凝土高温峰值应变，且碳化与持续荷载共同作用下高温峰值应变降低更显著。$60\%f_c$ 作用下碳化及未碳化混凝土高温峰值应变均高于 $40\%f_c$ 作用时，说明随着持续荷载水平与温度升高，混凝土高温瞬态蠕变应变增大，因此混凝土峰值应变增大。

10.4 荷载和碳化共同作用下混凝土高温损伤模型研究

10.4.1 碳化混凝土高温损伤模型

1. 高温损伤模型的建立

根据 Lemaitre 提出的应变等价原理[4]，受损材料的本构关系可以通过无损材料的本构方程来推导，采用有效应力取代无损材料本构关系中的名义应力。由此可得出混凝土损伤关系为

$$\sigma = (1-D)E_0\varepsilon \tag{10.3}$$

式中：E_0 为无损材料的弹性模量，GPa；D 为损伤变量；ε 为应变。

混凝土在高温环境下会发生一系列的物理变化及化学反应，使得混凝土微观结构和宏观力学性能出现劣化。由高温引起的混凝土损伤变量可以用弹性模量定义为

$$D_T = 1 - \frac{E_T}{E_0} \tag{10.4}$$

式中：E_0 为混凝土常温时的弹性模量，GPa；E_T 为混凝土经历高温 T 时的弹性模量，GPa。

根据文献[5]所提出的广义应变等效理论，材料损伤扩展的过程中，任取其中的两种损伤状态，则材料在第一种损伤状态下的有效应力作用于第二种损伤状态引起的应变，等价于材料在第二种损伤状态下的有效应力作用于第一种损伤状态引起的应变。由此，将高温损伤后的状态作为第一种损伤状态，高温受荷压缩过程中所引起的总损伤状态作为第二种损伤状态，则内部损伤本构关系为

$$\sigma = (1 - D)E_T\varepsilon \tag{10.5}$$

由式(10.4)和式(10.5)可得考虑高温损伤的混凝土应力-应变关系为

$$\sigma = \left(1 - D_\mathrm{m}\right)E_0\varepsilon \tag{10.6}$$

式中：D_m 为考虑高温和压缩加载的损伤变量，如式(10.7)所示：

$$D_\mathrm{m} = D + D_T - DD_T \tag{10.7}$$

由式(10.7)可以看出，高温作用会加剧混凝土压缩过程中的损伤程度，损伤表现出明显的非线性特征，但两者的耦合效应会比二者简单累加的总损伤有所减小。

混凝土的损伤变量是将内部的细观变化用宏观的物理量表示出来。混凝土是一种由气、液、固三相组成的非均质复合材料，内部的细观结构、缺陷是随机分布的，因此组成材料的各个微观单元体的力学性能分布是具有概率性的。混凝土的损伤程度与微观单元体力学性能有关，因此混凝土损伤变量 D 与微观单元体破坏的统计分布密度之间存在如下关系：

$$\frac{\mathrm{d}D}{\mathrm{d}\varepsilon} = \varphi(\varepsilon) \tag{10.8}$$

式中：$\varphi(\varepsilon)$ 为混凝土在加载过程中单元体损伤率的一种度量。

假设混凝土微观单元体强度符合双参数韦布尔分布，损伤变量 D 同样满足双参数韦布尔分布，再根据混凝土应力-应变曲线特征值可以计算出损伤变量 D 的损伤演化方程：

$$D = \int_0^\varepsilon \varphi(x)\,\mathrm{d}x = 1 - \exp\left[-\left(\frac{\varepsilon}{\lambda}\right)^\beta\right] \tag{10.9}$$

式中：β 为形状参数，其取值范围为 $\beta > 0$；λ 为比例参数，其取值范围为 $\lambda > 0$。

将式(10.9)代入式(10.5)可得高温下受温度影响的混凝土损伤本构关系：

$$\sigma = E_T\varepsilon\exp\left[-\left(\frac{\varepsilon}{\lambda}\right)^\beta\right] \tag{10.10}$$

混凝土轴心压缩模型满足三个条件：① $\varepsilon = 0$，$\mathrm{d}\sigma/\mathrm{d}\varepsilon = E_T$；② $\varepsilon = \varepsilon_\mathrm{c}$，$\mathrm{d}\sigma/\mathrm{d}\varepsilon = 0$；③ $\varepsilon = \varepsilon_\mathrm{c}$，$\sigma = \sigma_\mathrm{c}$。其中，$\varepsilon_\mathrm{c}$ 为峰值应变，σ_c 为峰值应力。将上述三个条件代入

式(10.10)可得

$$\beta = \frac{1}{\ln\left(\dfrac{E_T \varepsilon_{\mathrm{c}}}{\sigma_{\mathrm{c}}}\right)} \tag{10.11}$$

$$\lambda = \varepsilon_{\mathrm{c}}\left(\frac{1}{\beta}\right)^{-\frac{1}{\beta}} \tag{10.12}$$

由整个推导过程可知，混凝土高温损伤模型中形状参数 β 与不同温度下混凝土峰值应力、峰值应变和弹性模量有关，其在反映不同温度与荷载作用下混凝土变形的非线性行为方面起重要作用。

将式(10.11)和式(10.12)代入式(10.10)可得最终的高温损伤模型的表达式为

$$\sigma = E_T \varepsilon \exp\left[-\frac{1}{\beta}\left(\frac{\varepsilon}{\varepsilon_{\mathrm{c}}}\right)^{\beta}\right] \tag{10.13}$$

2. 高温损伤模型的验证与讨论

将碳化混凝土的高温轴心抗压强度试验数据代入损伤模型(式(10.13))中，确定的具体参数见表 10.2。然后将理论模型的计算曲线与测得的试验曲线进行对比，如图 10.21 所示。

表 10.2　碳化混凝土高温损伤模型参数

碳化龄期/天	温度/℃	E_T/GPa	$\varepsilon_{\mathrm{c}}/(\times 10^{-3})$	σ_{c}/MPa	β_{0d} 和 β_{28d}
	20	25.24	1.95	38.88	4.239829
	200	20.79	1.79	26.84	3.069295
0	400	13.05	2.89	31.92	5.976474
	600	2.27	8.56	17.01	7.612466
	800	0.65	15.02	7.27	3.45649
	20	37.33	2.52	51.40	1.654224
	200	37.33	2.07	35.39	1.280269
28	400	14.93	2.66	31.59	4.37418
	600	3.74	7.89	24.10	4.934944
	800	0.99	15.35	10.59	2.77179

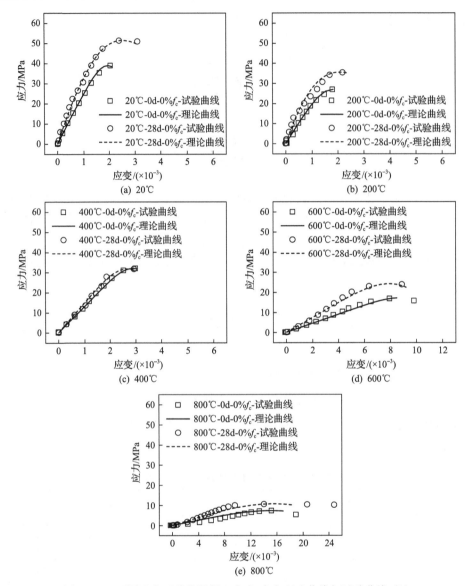

图 10.21　不同温度下碳化混凝土应力-应变理论曲线与试验曲线对比

　　由图 10.21 可知,20~600℃温度区间内混凝土应力-应变理论曲线与试验曲线吻合度较高,800℃时应力-应变理论曲线与试验曲线在峰值点处重合,上升过程略有偏差,分析原因是 800℃时混凝土内部物质的分解及热不相容性导致内部结构由致密变得松散,出现大量微裂缝,在进行轴心抗压强度试验时混凝土会有一个由松散变密实的变形过程,应力-应变曲线也会出现凹曲上升的过程,而本节的损伤模型考虑了峰值点处混凝土应力、应变与弹性模量,却没有充分考虑混凝土在初始压缩过程的压密现象。总体来说，该损伤模型可以较好地描述混凝土高温下应力-应变曲线上升段的损伤过程，且模型形式简单，参数较少，对评估长期处于高温环境及火灾现场混凝土的承载能力具有一定的参考价值。

由图 10.21 还可知，碳化后混凝土应力-应变理论曲线与试验曲线对比吻合度很高，基本处于重合状态，这说明本节所提的高温损伤模型适用于碳化混凝土高温应力-应变关系。混凝土经过 28 天碳化后，表层的混凝土吸收二氧化碳与水分生成碳酸钙，变得致密；另外，在碳化条件下混凝土吸收水分二次水化，强度会有所提高，碳化作用对应力-应变关系有一定的影响，但这种影响不大。

参数 β 是模型中的形状参数，它与试验的峰值应力、峰值应变、弹性模量有关系，也是整个模型中比较重要的一个参数，因此可以通过建立碳化后混凝土损伤模型中的 β_{28d} 与未碳化混凝土模型中 β_{0d} 的关系并与温度建立联系，将碳化这个因素考虑到损伤模型中，可建立统一的碳化高温损伤模型。

将 β_{28d}/β_{0d} 与温度进行拟合发现，β_{28d}/β_{0d} 与温度近似符合指数函数关系，如图 10.22 所示，拟合的方程如式(10.14)所示。

$$\frac{\beta_{28d}}{\beta_{0d}} = e^{-0.89+8.64\times10^4 T} \tag{10.14}$$

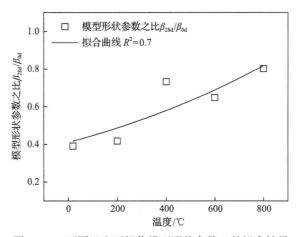

图 10.22　不同温度下损伤模型形状参数 β 的拟合结果

由式(10.14)和图 10.22 可知，相关系数 R^2=0.70，除 400℃点离拟合曲线较远以外，其他点与拟合曲线拟合较好。总体上可以看出，β_{28d}/β_{0d} 与温度之间符合指数函数关系，只是指数函数中的参数大小需要大量试验确定，本节所做试验数量相对较少，加大试验量可以更准确地确定函数中参数的大小，使其更接近实际情况。另外，由于试验量的影响，模型中仅考虑碳化龄期为 28 天时混凝土的高温损伤，碳化龄期变量相对较少，无法确定不同碳化龄期下混凝土的高温损伤变化规律。

10.4.2　荷载和碳化共同作用下混凝土高温损伤模型

混凝土在持荷高温试验中有三阶段：升温预加载阶段、高温持荷段、加载破坏阶段。本节主要描述加载破坏阶段混凝土的损伤，混凝土在前两个阶段会有一定的损伤积累，导致加载破坏阶段会有相应的初始应力与初始应变，初始应力是所施加的相应比例的持续荷载，本节为 $40\%f_c$、$60\%f_c$，初始应变是混凝土在荷载和高温共同作用下混凝土的压缩总应变。前两阶段应力与应变导致两参数的韦布尔分布不再适用持荷混凝土加载破坏阶段的高温损伤模型。因此，采用三参数韦布尔分布，引入一个位置参数，该位置参数控制曲线平移。引入位置参数到 10.4.1 节中的损伤模型，使该损伤模型变成适用于持荷混凝土的损伤模型。

持荷混凝土的高温损伤模型经修正，可变成以下形式：

$$\sigma = \sigma_0 + E_T\left(\varepsilon - \varepsilon_0\right)\exp\left[-\frac{1}{\beta}\left(\frac{\varepsilon - \varepsilon_0}{\varepsilon_c}\right)^{\beta}\right] \tag{10.15}$$

式中：σ_0 为施加的相应的荷载，MPa；ε_0 为加载破坏阶段的初始应变；ε_c 为加载破坏阶段的峰值应变。

相应的 β 和 λ 变为

$$\beta = \frac{1}{\ln\left(\dfrac{E_T\varepsilon_c}{\sigma_c - \sigma_0}\right)} \tag{10.16}$$

$$\lambda = \varepsilon_c\left(\frac{1}{\beta}\right)^{-\frac{1}{\beta}} \tag{10.17}$$

此时，高温下的弹性模量 E_T 取加载破坏阶段的应力-应变曲线减去初始值后取 40%峰值应力处的切线模量作为近似弹性模量。

表 10.3 给出了荷载和碳化共同作用下混凝土高温损伤模型的基本参数，将表 10.3 中的数据代入式(10.15)求得不同持续荷载水平和不同碳化龄期下混凝土的高温损伤模型。持续荷载为 $60\%f_c$ 且碳化 0 天的混凝土在 600℃时的强度与持续荷载

基本持平，加载破坏阶段的应力和应变变化不大，因此无法建立应力-应变曲线。另外，对于 40%f_c 和 60%f_c 两种荷载水平且碳化 0 天的混凝土在 800℃高温持荷段提前破坏，因此模型无法预测。

表 10.3　持续荷载和碳化共同作用下混凝土高温损伤模型参数

试件编号	模型参数					
	σ_0/MPa	ε_0/($\times 10^{-3}$)	E_T/GPa	ε_c/($\times 10^{-3}$)	σ_c/MPa	β
200-0d-40%	15.32	0.39	21.46	0.87	10.63	1.788
200-0d-60%	22.98	1.99	18.48	1.01	6.43	0.940
400-0d-40%	15.32	−0.22	19.94	1.76	18.59	1.571
400-0d-60%	22.98	3.68	15.88	1.32	10.41	1.427
600-0d-40%	15.32	1.04	11.75	3.35	17.67	1.248
200-28d-40%	15.32	−0.03	21.80	1.22	15.65	1.876
200-28d-60%	22.98	0.63	33.03	0.83	11.88	1.192
400-28d-40%	15.32	0.01	21.52	1.43	17.75	1.820
400-28d-60%	22.98	1.55	31.32	0.98	14.03	1.277
600-28d-40%	15.32	−1.49	19.67	1.02	14.28	2.923
600-28d-60%	22.98	2.39	38.50	0.16	4.18	2.582

注：600-0d-60%试件在持荷加热过程中提前破坏，无应力、应变数据。

图 10.23 给出了不同持续荷载和碳化共同作用下混凝土高温损伤本构模型应力-应变理论曲线和试验曲线对比。由图可知，理论曲线与试验曲线吻合较好，基本处于重合状态，没有过大的偏差，使用此模型可以预测在不同持续荷载水平作用下混凝土损伤演化规律，为抗火安全设计提供有效的理论支持。

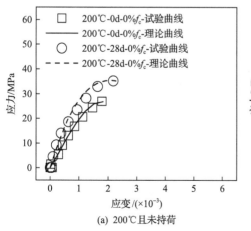

(a) 200℃且未持荷

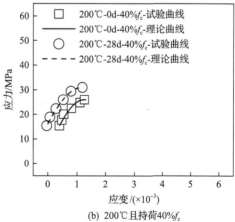

(b) 200℃且持荷40%f_c

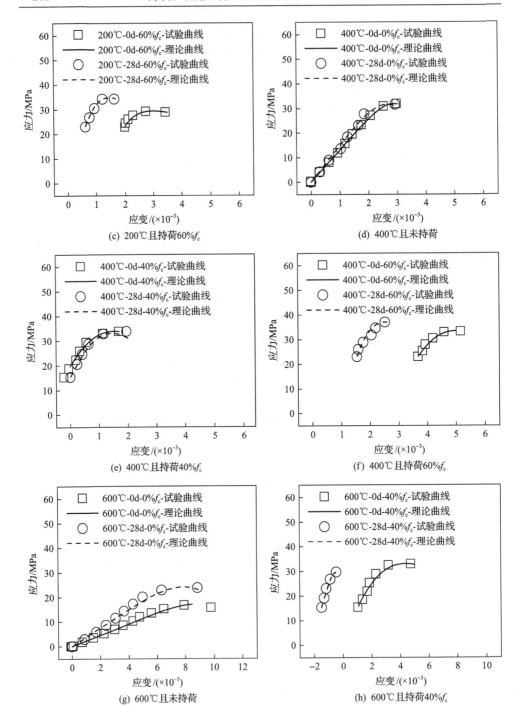

(c) 200℃且持荷60%f_c

(d) 400℃且未持荷

(e) 400℃且持荷40%f_c

(f) 400℃且持荷60%f_c

(g) 600℃且未持荷

(h) 600℃且持荷40%f_c

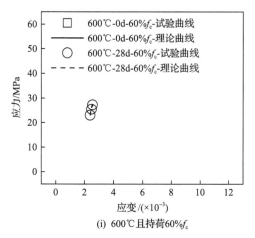

(i) 600℃且持荷60%f_c

图 10.23 不同持续荷载和碳化共同作用下混凝土高温损伤本构模型
应力-应变理论曲线与试验曲线对比

参 考 文 献

[1] 中华人民共和国住房和城乡建设部, 国家市场监督管理总局. GB/T 50081—2019 混凝土物理力学性能试验方法标准[S]. 北京: 中国建筑工业出版社, 2019.

[2] Piasta J. Heat deformations of cement paste phases and the microstructure of cement paste[J]. Materials and Structures, 1984, 17(6): 415-420.

[3] 赵洪宝, 谌伦建. 石灰岩热膨胀特性试验研究[J]. 岩土力学, 2011, 32(6): 1725-1730.

[4] Lemaitre J. How to use damage mechanics[J]. Nuclear Engineering and Design, 1984, 80(2): 233-245.

[5] 张全胜, 杨更社, 任建喜. 岩石损伤变量及本构方程的新探讨[J]. 岩石力学与工程学报, 2003, 22(1): 30-34.